Mein Hund

Alles Wissenswerte rund um den besten Freund des Menschen

Graham Meadows & Elsa Flint

Mein Hund

Alles Wissenswerte rund um den besten Freund des Menschen

EDITION XXL

Inhalt

Menschen und Hunde entwickeln für gewöhnlich eine enge Beziehung zueinander.

Hund und Mensch

Vom wilden Ursprung zum Haustier

Falls Sie jemals den Gedanken hatten, dass ein Alaskan Malamut und ein deutscher Schäferhund Ähnlichkeit mit einem Wolf haben, dann liegen Sie ziemlich richtig. Obwohl sich die Geister darüber scheiden, wann und wo unsere heutigen Hunderassen ihren Ursprung hatten, so gibt es doch eindeutige Beweise (DNS-Analysen), dass domestizierte Wölfe ihre entfernten Vorfahren waren.

Wölfe (Canis lupus), auch bekannt als Grauwölfe, kommen nur in der nördlichen Hemisphäre, genauer gesagt im gesamten nördlichen Europa, in Nordamerika und Asien vor. Wölfe im hohen Norden variieren in der Farbe: Tiere eines einzigen Rudels können schwarz, grau-braun oder sogar weiß sein. Wölfe in wärmeren Gefilden sind weniger aggressiv, kleiner und ebenmäßiger in der Farbe. Ihr Fell ist oft sandfarben oder graubraun meliert, genau wie bei Hunden (Canis familiaris).

Hunde und Wölfe gehören beide zur Gattung der Caniden und haben ähnliche Merkmale:

- 42 Zähne
- 50–52 Wirbel (sieben Nacken-, 13 Brust-, sieben Lenden-, drei Kreuzbein- und 20–22 Steißbeinwirbel)
- eine kreisförmig kontrahierende Iris
- einen ähnlichen Geruchssinn
- ähnliche Krankheiten
- ähnliches Verhalten
- einen außergewöhnlichen Orientierungssinn
- nächtliche Gewohnheiten
- einen Hang zum Graben
- 9-wöchige Trächtigkeit
- die Augen ihrer Neugeborenen öffnen sich etwa im Alter von zwei Wochen

Für ältere Menschen kann ein Hund eine große Bereicherung sein.

Wölfe und Leute

Wenn man den Lebensstil von Mensch und Wolf vor 15 000 bis 60 000 Jahren betrachtet, kann man verstehen, warum sie sich einander annäherten und Wölfe schließlich domestiziert wurden.

Menschen waren zu dieser Zeit Jäger und Sammler und nur teilweise sesshaft. Sie lebten in Gruppen und nutzten Höhlen als natürlichen Schutz. Sie zogen aus, um Tiere zu erlegen und damit für Nahrung zu sorgen. Jagen erforderte körperliche Kraft und war daher hauptsächlich die Aufgabe des Mannes; Kochen und Kinder aufziehen gehörte im Großen und Ganzen zur Domäne der Frau.

Wölfe lebten ebenfalls in großen Familiengruppen bzw. Rudeln, mit strenger Hierarchie und Rudelführer. Für ihren Schutz nutzten sie, was die Natur zu bieten hatte, und sie gingen, wie die Menschen, auf die Jagd. Die weiblichen Wölfe brachten die Jungen zur Welt, zogen sie auf und verließen sich hauptsächlich auf die männlichen Wölfe, wenn es um Schutz und Futterbeschaffung ging.

Da Wölfe und Menschen Jäger waren, ist man sich fast sicher, dass sie von Zeit zu Zeit miteinander wetteiferten. Der ausgeprägte Geruchssinn der Wölfe half, Beutetiere aufzuspüren. Menschen nutzten dies aus, indem sie Wölfe suchten, die gerade ein Tier gerissen hatten, sie dann verscheuchten und ihnen den Kadaver wegschnappten. Es ist ebenso wahrscheinlich, dass Wölfe den menschlichen Jägern folgten und die Abfälle fraßen, die diese nach Erlegung eines Tieres übrig gelassen hatten.

Mit der Zeit entwickelten die Menschen jedoch einen Vorteil gegenüber ihren wölfischen Konkurrenten: Sie stellten primitive Waffen her, mit denen sie effektiver jagen konnten. Eine bessere Versorgung mit Nahrung bedeutete gleichzeitig einen stabileren Lebensstil. Die Menschen begannen, Siedlungen zu bauen und sesshafter zu werden.

Grauwölfe in natürlicher Umgebung: Der rechte Wolf hat eine typische Grußstellung, der Wolf auf der linken Seite ist abgelenkt.

Bei Ausgrabungen von frühen Siedlungen wurden Knochen von wolfsartigen Hunden gefunden, die vermutlich zwischen 30 000 und 60 000 Jahre alt sind. Es ist wahrscheinlich, dass sich die Menschen diese Aasfresser zunutze gemacht haben, da die Wölfe näher kommende Raubtiere wie Bären und Löwen aufgrund ihres ausgeprägten Geruchssinns und Gehörs viel früher bemerkten als die Menschen.

Unsere Ahnen haben sicherlich genauso schnell erkannt, welchen Vorteil ihnen die Wölfe boten, wie wir heute erkennen, welchen Vorteil uns Hunde bringen. Für ihre Hilfe erhielten die Wölfe Futter von den Menschen und die Nähe der Menschensiedlung bot ihnen Schutz, da sich größere Raubtiere meist nicht allzu nahe an den Menschen herantrauten.

Der Grauwolf ist der Vorfahre von vielen nordamerikanischen Hunderassen wie z. B. der Eskimohunde und der Alaskan Malamute.

Der Prozess der Domestikation

Nachdem Wölfe über einen längeren Zeitraum in der Nähe der Menschen lebten, wurde das gemeinsame Zusammenleben entspannter und freundlicher. Hunde und Menschen erkannten, dass der lockere Umgang miteinander für beide Seiten von Vorteil war. Dies führte schrittweise zur Domestikation. Schlüsselfaktor bei diesem Prozess war der angeborene Instinkt des Wolfes, einem Rudelführer zu gehorchen, und die Fähigkeit des Menschen, diese Rolle zu übernehmen. Es war ziemlich wahrscheinlich, einen wilden Wolfswelpen zähmen zu können, wenn man ihn nur früh genug fing.

Die Domestikation war ein Prozess, der sich nach und nach vollzog, und zwar in Europa, Nordamerika und Asien zur gleichen Zeit – vor etwa 10–15 000 Jahren. Zunächst machte sich der Mensch die Unterarten der Wölfe in seiner jeweiligen Gegend zunutze. Doch bedingt durch die Migrationen des Menschen entstanden Kreuzungen unter den Wolfsarten.

Vier Unterarten des Wolfes hatten besonderen Einfluss auf die Entwicklung unserer heutigen Hunderassen:

Man nimmt an, dass der indische Wolf Vorfahre des Dingos und des asiatischen Pariahundes war. Die Urahnen des Dingos wanderten Richtung Osten, bedingt durch die Wanderungen der Menschen. Sie lebten letztendlich als isolierte Hunderasse in Australien.

Vom chinesischen Wolf stammen die Hunderassen Pekinese und Chow Chow ab.

Der nordamerikanische Grauwolf war reichhaltige Quelle des heutigen Eskimohundes sowie der Alaskan Malamute.

Von europäischen Wölfen stammen vermutlich verschiedene Schäferhundrassen, Spitztypen und Terrier ab.

Dominanz- und Unterwerfungsgebaren bei Wölfen

Dominanzgebaren		Unterwerfungsgebaren	
Dominante Haltung:	Steife, aufrechte Haltung. Ohren aufgestellt oder nach vorne gerichtet. Rute aufgestellt oder abstehend.	**Unterwerfung im Stehen:**	Haltung geduckt. Ohren anliegend und Rute eingezogen. Stopp glatt. Lefzen aufwärts („grinsen"), macht Leckbewegungen oder lässt Zunge heraushängen.
Vorderläufe auflegen:	Der dominante Hund legt seine Vorderpfoten auf die Schultern des rangniedereren Hundes.	**Unterwerfung mit gekrümmtem Rücken:**	Rücken gewölbt und Nacken gesenkt oder zur Seite geneigt. Kopf gesenkt, Schnauze aufwärts, Rute eingezogen und Ohren anliegend. Anheben des Hinterbeins, während er sich zu Boden sinken lässt. Entblößen der Leistengegend.
Schnauze niederhalten:	Der dominante Hund beißt den rangniedereren Hund z. B. in die Schnauze und zwingt ihn so, diese am Boden zu halten.	**Unterwerfung im Sitzen:**	Sitzt auf Hinterläufen, Kinn in die Brust gesteckt, Vorderläufe vor dem dominanten Hund ausgestreckt, Blick abgewendet.
Quer stehen:	Der dominante Hund steht in steifer Haltung quer zu den Vorderläufen des unterzuordnenden Hundes.		

Ein Hund hat viele therapeutische Vorteile, nicht nur den des treuen Gefährten. Hundehalter leiden weniger unter Stress, sind aufgeschlossener und leben länger.

Die Entwicklung der verschiedenen Hundearten

Die Selektion der verschiedenen Hundearten vollzog sich über Jahrtausende. Grund hierfür waren die Bedürfnisse des Menschen. Hunde hatten den besseren Geruchssinn, waren schneller und wendiger. Sie wurden dem Menschen zum wertvollen Verbündeten beim Aufspüren und Jagen von Tieren, auf deren Fleisch, Häute und Felle er angewiesen war. Hunde waren nützliche Bewacher und töteten Schädlinge, die von den Lebensmitteln in der Siedlung angezogen wurden. Manche Wölfe eigneten sich hierzu besser als andere und diese Selektion durch den Menschen führte schrittweise zu verschiedenen Hundearten. Ab der Jungsteinzeit vor etwa 8000 Jahren begann der Mensch mit Ackerbau und Viehzucht. Er wählte Hunde, die sich zur Bewachung der Herde besonders eigneten. Nebenerscheinung dieser Selektion waren verschiedene Merkmale wie Temperament, Gestalt und Größe.

Man nimmt an, dass der Mensch bei der Auswahl des gutmütigen und verspielten Wesens sich junge Tiere zunutze machte, was nach längerer Zeit zu ausgewachsenen Hunden führte, die diese Eigenschaften beibehielten. Sie waren zwar nicht aggressiv, bellten jedoch sofort, wenn sich ein Eindringling näherte (Neotenie).

Bei der Entwicklung einer Hundeart waren Größe und Gestalt sehr wichtig. Jagdhunde mussten schnell und agil, leicht und langbeinig sein und eine bewegliche Wirbelsäule haben. Große, starke Hunde wurden z. B. für die Jagd von Gazellen verwendet, während Hunde für die Hasenjagd kleiner sein durften. Hunde, die hauptsächlich Ratten fangen oder einen Kaninchenbau ausheben sollten, mussten schnell und wendig, aber von kompakter Gestalt sein und kurze Beine haben. Arbeitshunde, die Lasten ziehen sollten, mussten stämmig und robust sein und größer, damit sie die Muskelmasse unterbringen konnten.

Temperament war ein weiterer wichtiger Faktor. Ein großer Wachhund musste mutig genug sein, einem Eindringling entgegenzutreten und Aggression zu verbreiten. Ein Hund derselben Größe, der Lasten ziehen sollte – eine Aufgabe, bei der er mit vielen Fremden zu tun hatte –, musste zutraulich und ruhig sein. Ein kleiner Hund für die Rattenjagd musste seinen angeborenen Jagdinstinkt behalten, damit er sofort nach Schädlingen schnappte.

Der ägyptische Hunde-Gott Anubis, der Gott der Unterwelt

Frühe Haushunde

Die Eigenschaften, die die Menschen von ihren Hunden erwarteten, unterschieden sich je nach Umwelt, Klima und Lebensstil. Menschen im hohen Norden erwarteten von ihren Hunden, dass sie schwere Lasten zogen und extrem kaltes Wetter ertragen konnten. Funde in Nordamerika zeigen, dass es schon vor 7500 Jahren Hunde gab, die mit 23 kg dem heutigen Eskimohund ähnlich waren.

In Asien und Europa, wo sie vom indischen und eurasischen Wolf abstammten, wurden ebenfalls Hunde für bestimmte Arbeiten wie z. B. Jagen gezüchtet. Windhunde wurden schon auf 5 000 Jahre alten ägyptischen Fresken dargestellt. Eine weitere Rasse, deren Ahnen auf diese Zeit zurückgehen, ist der Saluki (groß, mit langer Befederung an Ohren und Rute), während der Palasthund der ägyptischen Pharaonen 2000 v. Chr. dem heutigen Basenji ähnelt.

Hetzhunde und Schweißhunde

Die meisten frühen Hunde waren Jagdhunde. Ihre Entwicklung richtete sich nach dem Erdteil, in dem der Hundehalter lebte. In Ägypten z. B. verflüchtigten sich tierische Gerüche schnell auf dem heißen, trockenen Sand. Die meisten der früheren Hunde mussten sich deshalb auf ihr Sehvermögen verlassen, um ihre Beute zu identifizieren und zu hetzen. Hunderassen wie der Afghanische Windhund und der Saluki entwickelten sich daraus. Diese Tiere mussten schnell sein und großes Durchhaltevermögen zeigen. Tiergerüche verharrten viel länger in kühlerer und feuchterer Umgebung wie in Italien und Griechenland. Dichtes Unterholz hinderte Hunde daran, ihre Beute zu sehen. Sie mussten in der Lage sein, sie über lange Distanzen zu riechen. Diese „Riech-" oder Schweißhunde unterschieden sich äußerlich vom Hetzhund durch kürzere Beine und eher kompakte, muskulöse Körper.

Der Ägyptische Pharaohund gelangte durch die römische Invasion Ägyptens ungefähr 2000 Jahre v. Chr. nach Europa.

Der English Springer Spaniel stammt aus Großbritannien und wurde speziell als Apportierhund gezüchtet.

Spitz-Typen

Merkmal dieser Hunde ist die eingerollte Rute. Zum Spitztyp gehören der Husky, der Samoyed und der Chow Chow. Diese Hundeart existierte erwiesenermaßen weltweit. Chow Chows wurden bereits auf Tonwaren der Han-Dynastie (200 v. Chr.) abgebildet. Eine nordische Verbindung kam durch die Wikinger 1000 Jahre später, die den Spitz nach England brachten.

Weitere frühe Haushundtypen

In China und Tibet entwickelten sich weitere Stammväter heutiger Hunderassen wie Pekinesen, Lhasa Apso, Shih Tzu, Tibet-Spaniel, Tibet-Terrier und Japan-Chin. Zur Zeit der Römer gab es im Mittelmeerraum mindestens fünf oder sechs verschiedene Hundearten. Kleine wie den Dackel und große, schwere Hunde wie den Mastiff. Es gab Hunde mit kurzem und langem Nasenrücken, ähnlich dem heutigen Mops und Barsoi. In England war der Irish Wolfshound schon vor der römischen Invasion etabliert.

Der neue Hund kommt an

Mit der Zeit entwickelten sich immer mehr Hunderassen. Jagdhunde, die nach Sicht oder Geruch jagten, zeigten sich als besonders gute Allzweck-Hunde. Aus ihnen entwickelte sich der heutige Terrier. Er war kurzbeinig, hart im Nehmen und ein Experte, wenn es ans Aufstöbern und Fangen von kleineren Beutetieren ging. Besonders bei Schädlingen, die sich gerne in der Nähe der Menschensiedlungen aufhielten, war er von unschätzbarem Wert.

Hütehunde mussten agil und intelligent sein. Sie mussten viele der Eigenschaften ihrer Wolfsahnen beibehalten, die bei der Jagd das schwächere Tier ausgrenzten.

Mastiffs entwickelte man, um Lasten zu ziehen, Vieh vor wilden Bären und Wölfen zu schützen, oder aber als Wachhund für Haus und Hof. Die enge Bindung, die zwischen einem Hundehalter und seinem Vierbeiner besteht, ist nichts Neues. Ein Bauer vor 2000 Jahren hatte sicherlich dieselbe enge Beziehung zu seinem Hund wie heute ein englischer, amerikanischer oder australischer

Farmer zu seinem. Doch auch wenn damals schon das Bedürfnis nach einem Gefährten vorhanden war, so hätten es sich wenige leisten können, einen Hund nur zum Vergnügen zu halten. Dies war nur wenigen Reichen vorbehalten. In China und Japan konnte man nur am Hofe des Kaisers einen „Schoßhund" halten. Erst als die Europäer in diese Länder reisten und diese Rassen „entdeckten", fanden diese ihren Weg nach Europa. Etwa 500 n. Chr. entwickelte sich der Bichon Frisé und wahrscheinlich der Löwchen.

Im Laufe der Jahrhunderte nahmen immer mehr der heutigen Hunderassen Gestalt an. 1300 n. Chr. etablierte sich der Black Hound, Vorläufer des Blood Hound, in Großbritannien, während sich in Europa und Asien die Hütehunde entwickelten, unter anderem die Vorfahren des Puli und des Komondor.

Drei Viertel der heutigen Hunderassen entwickelten sich in den letzten 300 Jahren und zu Beginn des 20. Jahrhunderts war die Entwicklung fast beendet. Bei heutigen Verfeinerungen geht es eher um Optik als um Funktion.

Der Chow Chow, eine Hunderasse mit schwarzer Zunge, die einstmals besonders in der Mandschurei und Mongolei beliebt war. Er ist auf seinen Herrn fixiert und neigt dazu, nach anderen zu schnappen oder zu beißen.

Hunderassen und Kennel-Clubs

Heute gibt es Hunderte von Rassen und viele von ihnen werden nur im Ursprungsland als solche anerkannt. Es wurden Standardmerkmale etabliert, um Züchtern und Richtern die Wahl der Nachkommenschaft leichter zu machen. Um als Rasse anerkannt zu werden, müssen klar identifizierbare Merkmale vorhanden sein, die von einer Generation zur anderen weitervererbt werden und sich als Standard fest gegründet haben.

Viele Länder haben ihre eigenen Kennel-Clubs, die die Registrierung von Hunden mit Ahnentafel überwachen.

Hundegruppen und deren Namen und Rassen sind nicht in allen Ländern gleich. Es besteht jedoch teilweise Übereinkunft bei Schoß-, Apportier-, Jagdhunden und Terriern.

Da jedes Land seine eigene Klassifizierung hat, wurde der FCI (Fédération Cynologique Internationale) gegründet, der die Hunderassen in 10 Gruppen einteilt. Zurzeit gibt es fast 400 eingetragene Rassen und über 80 FCI-Mitgliedsländer.

Der Pointer wurde wegen seines ausgezeichneten Seh- und Riechvermögens ursprünglich als Jagdhund gezüchtet. Er ist intelligent und sehr lernfähig.

Mischlingshunde mit bekannten und unbekannten Vorfahren

Dieses Kapitel wäre nicht komplett, wenn wir diese liebevollen Tiere von gemischtrassigen Vorfahren unerwähnt ließen. Man unterscheidet Mischlingshunde, deren Eltern bekannt und von zwei verschiedenen Rassen abstammen und solche, deren Vorfahren unbekannt sind. Zweitere sind mit einem Hybridcharakter (von Wissenschaftlern als solcher bezeichnet) ausgestattet und vereinen oftmals (nicht immer) gerade die eher wünschenswerten Seiten ihrer Vorfahren in sich. Sie mögen zwar als Rasse nicht anerkannt sein, dennoch machen sie Millionen von Menschen viel Freude.

In fast allen Ländern gibt es mehr Mischlings- als Rassehunde.

Eine ganz besondere Bindung

Für viele Menschen bedeuten Haustiere heutzutage Lebensqualität. Zahlreiche Studien in den letzten 20 Jahren belegen den psychologischen und medizinischen Wert für Haustierbesitzer. Programme, die auf tiergestützten Therapien, auch TaB oder Tiere als Begleiter genannt, basieren, machen sich diesen therapeutischen Wert zunutze. Die Interaktion mit Tieren soll Menschen mit psychischen und physischen Problemen helfen.

Steigender Wohlstand in der Industriegesellschaft, sinkende Geburtenraten und lockerere Familienbande führen dazu, dass Haustiere in psychologischer Hinsicht einen höheren Stellenwert erlangen. Immer mehr Paare entscheiden sich gegen Kinder oder wollen diese erst, nachdem die Frau Karriere gemacht hat. Für viele wird ein Haustier dabei zu einem wichtigen Familienmitglied, das viele nennenswerte Vorteile bietet.

Golden Retriever brauchen viel Zuwendung und sind sehr geduldig mit Kindern.

Begleitung

Vier von fünf Hundehaltern ist die Gesellschaft des Hundes das Wichtigste. Der Hund wird zum Partner und Freund und schützt vor Einsamkeit. Viele Menschen reden mit ihrem Hund, als ob er ein Mensch wäre. Die meisten von uns verwenden dieselben Kommunikationsmethoden wie bei unserer eigenen Spezies. Um unseren Vierbeiner zu trösten, verwenden wir dieselben Gesten wie Primaten. Wir strecken die Hand aus und tätscheln ihn, wir schürzen die Lippen und geben beruhigende Laute von uns, wobei Frauen im Allgemeinen eher zu dieser Geste neigen als Männer.

Beruhigung

Die bloße Tatsache, dass unser Hund im selben Raum ist wie wir, vermittelt uns ein gutes Gefühl. Der physische Kontakt und die Zuneigung, die der Hund seinem Herrn gegenüber zeigt, wirken beruhigend.

Entspannung

Ihr Hund hilft Ihnen zu entspannen. Menschen mit hohem Stressniveau entspannen sich erwiesenermaßen, sobald ihr Hund in ihrer Nähe ist.

Der sensible Rough-Collie entwickelt meist eine tiefe Bindung zu seinem Besitzer. Er eignet sich gut als Wachhund.

Physische Sicherheit und Schutz

Ständig steigende Verbrechen führen dazu, dass sich Menschen einen Wachhund anschaffen. Der Trend geht zu aggressiven Rassen wie Dobermann, Schäferhund oder Rottweiler. Weitere, speziell als Wachhunde gezüchtete Rassen sind der Mastino Napolitano und die Bordeauxdogge. Doch nicht nur Größe und Aggressivität zählen. Vielen Hundehaltern gibt auch ein kleiner Hund das Gefühl von Sicherheit, weil er einen Fremden oder Eindringling schneller wittert und sie dadurch mehr Zeit haben, zu reagieren.

Emotionale Sicherheit

Ein Hund kann uns nicht nur physischen Schutz, sondern auch emotionale Sicherheit geben und dazu beitragen, irrationale Ängste wie Furcht vor Dunkelheit oder Alleinsein zu überwinden. Manche Menschen können besser mit Fremden umgehen, wenn sie ihren Hund dabeihaben.

Kontakt knüpfen

Es ist erwiesen, dass Hundehalter eher auf andere Menschen zugehen und geselliger sind. Gehen Sie mit Ihrem Hund Gassi. Es ist möglich, dass Sie ein sonst eher zurückhaltender Nachbar oder sogar ein Fremder auf Ihren Hund anspricht. Hunde sind auch wichtig in der Kommunikation zwischen Jung und Alt.

Erfüllung und Selbstachtung

Wir wollen mit uns selbst zufrieden sein. Viele von uns erreichen dies durch Erfolg in der Familie, Arbeit, Sport oder andere Freizeitaktivitäten. Andere sonnen sich im Glanz eines Prestigehundes. Manche von uns erhalten ein höheres Selbstwertgefühl und Anerkennung durch andere, wenn sie für ein anderes Lebewesen Verantwortung zeigen.

Ästhetische Befriedigung

Ihr Hund muss keine Schau gewinnen, um Ihnen Freude zu bereiten. Wenn Sie ihn wegen seines Charakters oder seines Aussehens angeschafft haben, dann fühlen Sie sich immer gut, sobald Sie ihn ansehen.

Freizeitgestaltung

Hunde spielen eine wichtige Rolle bei der Freizeitgestaltung. Sie lieben das Spiel und sie fordern uns dazu auf, mit ihnen zu spielen. Wir entspannen leichter und es kommt mehr Schwung in unser Leben. Für viele von uns kann Füttern, Pflegen und Gassi gehen mit dem Hund zu einer eigenen Freizeitaktivität werden.

Vorteile für Kinder

Zwei von drei Familien, die einen Hund besitzen, haben auch Kinder. Viele von uns sind der Meinung, dass Kinder, die sich um ein Haustier kümmern müssen, eher lernen, ihren Mitmenschen gegenüber verantwortungsvoll und einfühlsam zu handeln. Außerdem ist der erzieherische Wert nicht von der Hand zu weisen. Die Kinder lernen, sich mit der Geschlechtsreife und Nachkommenschaft des Hundes auseinanderzusetzen. Sie lernen, mit seinen Gesundheitsproblemen und Krankheiten umzugehen, was sie vielleicht selbst auf das Leben besser vorbereitet. Die Lebenserwartung eines Hundes liegt bei 10–15 Jahren. Dies entspricht in etwa dem Zeitraum, in dem Kinder heranwachsen. Wenn sie sich in diesem Zeitraum um einen Hund kümmern dürfen, kann ihnen dies wertvolle Erfahrungen für ihre spätere Aufgabe als Eltern vermitteln.

Ein Hund kann Kindern helfen, über Ängste hinwegzukommmen und eigene Aggressionen zu kontrollieren. Man hat festgestellt, dass Kinder, die einen engen Kontakt zu ihrem Hund und ihren Großeltern haben, mehr soziale Fähigkeiten und Empathie entwickeln.

Emotionale Unterstützung

Wenn Ihre Familie unter dem Verlust eines Familienmitgliedes leidet oder wenn Ihr/e Teenage-Sohn/Tochter gerade eine schwierige Periode durchmacht, kann ein Hund in dieser kritischen Zeit eine große emotionale Stütze sein.

Verantwortungsvolles Verhalten im Haushalt

Wer sich schon einmal mit schlammigen Pfoten während eines langen, nassen Winters auseinandersetzen musste, weiß, was es heißt, auf die Hygiene im Haushalt zu achten. Familien mit Hunden sind meist hygienebewusster als Familien ohne Hund.

Dieser Airdalewelpe wird sicherlich zu einem widerstandsfähigen, starken und treuen Hund heranwachsen.

Therapeutischer Wert

Ihr Hund bringt Ihnen viele Vorteile. Statistisch gesehen:

- leben Sie länger
- haben Sie einen niedrigeren Blutdruck
- laufen Sie weniger Gefahr, einen Herzinfarkt zu bekommen, wenn Sie dazu neigen
- sind Sie entschlossener und motivierter
- sind Sie weniger egozentrisch und entgegenkommender anderen gegenüber
- leiden Sie weniger unter Stress und gewinnen mehr Entspannung
- sind Sie emotional stärker und weniger depressiv
- sind Sie weniger aggressiv
- sind Sie weniger voreingenommen

Vorteile für ältere Menschen

Besonders für ältere Menschen, die sich nicht um ihre eigene Ernährung kümmern, kann ein Hund große Vorteile haben. Wenn sie ihren Hund füttern, bekommen sie selbst Appetit und ihr Hund leistet ihnen Gesellschaft, während sie selbst essen. Oftmals dürfen ältere Menschen ihren Hund nicht mit ins Altenheim nehmen. Es gibt jedoch viele Gründe, warum man dies zulassen sollte.

Wenn es zwischen Hund und Herrchen nicht stimmt

Nicht immer ist das Verhältnis zwischen Hund und Halter ideal. Sollte Ihnen dies schon einmal widerfahren sein, sind Sie nicht alleine. Überlegen Sie, was der Grund hierfür gewesen sein könnte. Ihr Tierarzt kann Ihnen dabei helfen.

Ein Hund kann zum Problem werden, wenn:

- Sie die falsche Wahl getroffen haben und der Hund nicht in Ihr Umfeld / Ihre Familie / zu Ihrem Lebensstil passt.
- er nicht gut genug von Ihnen trainiert wurde oder nicht gelernt hat, mit anderen Haustieren umzugehen.
- das Tier einen genetischen Fehler hat.

Ältere Menschen, die einen Hund besitzen, sind mehr motiviert als solche, die alleine leben.

Welpen haben einen starken Kaudrang. Es ist wichtig, dass sie ihr eigenes Spielzeug bekommen.

Die Familie bekommt Zuwachs

Die Wahl Ihres neuen Gefährten

Wenn Sie schon einmal einen Hund hatten, dann wissen Sie, welch wunderbare Bindung zwischen Ihnen beiden entstehen kann. Sie wissen, welche Verantwortung und Langzeitverpflichtung ein Hund bedeutet und wie viel Rücksichtnahme anderen gegenüber notwendig ist. Sie kennen auch das Gefühl der Loyalität und Zuneigung, das Ihnen Ihr treuer Gefährte über viele Jahre entgegenbringt, vorausgesetzt, er wird richtig behandelt.

Wenn Sie einen neuen Hund auswählen, dann lassen Sie nicht nur Ihr Herz sprechen, sondern auch Ihren Kopf. Bedenken Sie, wie groß und schwer er werden kann, die Futtermenge, die er vertilgen wird, wie pflegeintensiv er ist und wie viel Auslauf er benötigt. Bedenken Sie auch sein Temperament, mögliche Gesundheitsprobleme und seine Lebenserwartung.

Bevor Sie sich dazu entscheiden, einen Hund anzuschaffen, sei es zum ersten Mal oder als Ersatz für einen vorigen Vierbeiner, dann stellen Sie sich zuvor folgende Fragen:

Was erwarte ich von einem Hund?

- Möchte ich, dass der Hund zum Familienmitglied wird, der mit mir/uns Haus und Leben teilt?
- Möchte ich einen Wachhund, der mich vor Fremden warnt und der mein Haus während meiner Abwesenheit bewacht? Die meisten Hunde, ob groß oder klein, schlagen an, wenn etwas Unbekanntes geschieht. Meist geben sie früh genug Warnzeichen und bieten Schutz. Der Umgang mit einem Wachhund ist sehr zeitaufwendig und erfordert viel Training. Wenn Sie nichts davon verstehen, schaffen Sie sich besser keinen Hund dieser Art an.
- Möchten ich einen Hund, der an Schauen und Wettbewerben teilnimmt? Wenn ja, warum?
- Listen Sie alle Erwartungen auf und wählen Sie dann die Rasse, die am besten Ihren Bedürfnissen entspricht.

Zu wem soll er gehören?

Legen Sie vorher fest, wer für den Hund verantwortlich sein wird. Beziehen Sie bei der Entscheidung die ganze Familie mit ein, aber sorgen Sie dafür, dass eine Person bestimmt wird, die die Gesamtverantwortung und die Rolle des Rudelführers übernimmt.

Kennen Sie sich gut genug aus?

Bevor Sie sich zum ersten Mal einen Hund anschaffen, seien Sie sich darüber im Klaren, was auf Sie zukommt. Einen Hund besitzen heißt nicht nur füttern, Gassi gehen und pflegen. Er braucht Training und Gesundheitsfürsorge, besonders, wenn er alt wird.

Haben Sie genügend Zeit?

Sie werden sehr viel Zeit aufwenden müssen, Ihren Welpen aufzuziehen und zu trainieren und um ihm der Gefährte zu sein, den er benötigt. Sie werden über viele Jahre hinweg Tausende von Stunden für Training und Pflege des Tieres aufbringen müssen.

Haben Sie genug Engagement?

Sie müssen sich darüber im Klaren sein, dass Ihre Freiheit eingeschränkt sein wird, und zwar über 10–15 Jahre hinweg, eventuell auch länger. Vielleicht haben Sie dies schon einmal getan. Sind Sie sich sicher, dass Sie das noch einmal auf sich nehmen wollen?

Können Sie das richtige Umfeld bieten?

Ist Ihr Zuhause groß genug für den Hund, den Sie anschaffen möchten? Gibt es in der Nähe genügend Auslauf und Trainingsmöglichkeiten für Ihren Hund? Haben Sie die Möglichkeit, ihn auf Ihrem Anwesen zu halten, damit er nicht in der Nachbarschaft herumstreunt?

Können Sie es sich leisten?

Abgesehen von den Anschaffungskosten fallen Ausgaben für Futter, jährliche Impfungen und Tierarztkosten an, möglicherweise auch für eine Sterilisierung. Es kommen Registrierungskosten sowie die Hundesteuer auf Sie zu, oder Sie müssen Ihren Garten einzäunen, den Hund trainieren lassen oder ihn in einer Hundepension unterbringen, wenn Sie in Urlaub gehen.

Können Sie Ihrem Hund ein stabiles Zuhause bieten?

Werden sich die Lebensumstände des Verantwortlichen in absehbarer Zeit ändern? Muss der zukünftige Hundehalter aus beruflichen Gründen bald umziehen? Ist er schon älter oder/und gesundheitlich angeschlagen, sodass er sich nicht um den Hund kümmern kann?

Rüde oder Hündin?

Entscheiden Sie, welches Geschlecht Ihr Hund haben soll, oder ob Sie Ihren Hund in jedem Falle sterilisieren lassen möchten. Hündinnen sind normalerweise kleiner als Rüden, umgänglicher und leichter zu trainieren. Bei Hündinnen, die nicht sterilisiert werden, müssen Sie damit rechnen, dass sie zwei Mal im Jahr läufig sind.

Ist ein Hund das richtige Haustier für Sie?

Überlegen Sie es sich gut, ob nicht vielleicht eine Katze oder ein anderes Haustier besser zu Ihnen passen würde. Das ist sehr wichtig, bevor Sie eine endgültige Entscheidung treffen.

Es mag sein, dass Sie in Versuchung kommen, einen (oder sogar zwei) Welpen anzuschaffen, weil sie einfach unwiderstehlich sind. Vergessen Sie nicht: Ein Hund braucht von klein auf regelmäßiges Training, Besuche beim Tierarzt und besondere Pflege, wenn er alt wird.

Wenn Sie einen zweiten Hund anschaffen, müssen die beiden ihre eigene Hierarchie entwickeln. Ein Welpe wird sich dem „Alten“ wahrscheinlich ganz natürlich unterordnen.

Wenn ein weiterer Hund hinzukommt

Vielleicht haben Sie schon einen Hund, der in die Jahre gekommen ist, und Sie möchten gerne einen weiteren Hund haben. Ob dies zu Problemen führt, hängt von vielen Faktoren ab, einschließlich dem Alter der beiden Hunde und wie Sie den Neuen integrieren. Die beiden müssen ihre eigene Hierarchie entwickeln. Das kann problemlos vonstatten gehen, wenn zum Beispiel ein Welpe hinzukommt. Ein junger Hund wird den älteren für gewöhnlich als den Dominanten akzeptieren. Problematischer kann es werden, wenn Sie einen ausgewachsenen Hund einführen, der die dominante Rolle beansprucht. (Weitere Details S. 95.)

Die Wahl des Hundes

Es ist wichtig, dass Sie die Wahl des Hundes von Ihren persönlichen Umständen abhängig machen und Sie sich sicher sind, dass Sie sich um ihn kümmern können. Ein altes Sprichwort sagt: „Es gibt keine schlechten Hunde, nur schlechte Hundehalter.“ Im Großen und Ganzen stimmt das, doch kann der Hund auch ein Wesensproblem geerbt haben. Meist ist es jedoch so, dass es nicht am Hund liegt, sondern am Halter, weil beide in ihren Bedürfnissen und ihrem Wesen nicht zueinanderpassen. Wenn das Umfeld des Hundes nicht stimmt, sind Verhaltensprobleme vorprogrammiert.

Wenn ein Terrier mit einem angeborenen Instinkt zum Graben in einem kleinen Garten sich selbst überlassen ist, wird er wahrscheinlich die Blumenbeete zerwühlen oder sich unter dem Zaun ein Loch nach draußen buddeln. Leute, die einen großen Wachhund zu ihrem Schutz wählen, haben oftmals später wegen der Kraft und Größe des Tieres Probleme. Wenn der Hundehalter einen solchen Hund nicht richtig trainieren und ihn an der Leine nicht kontrollieren kann, wird er ihn wahrscheinlich im Garten lassen, damit er dort seinen Auslauf bekommt. Der Garten ist hierfür aber nicht ausreichend. Wenn sich der Hund eingesperrt fühlt, wird er frustriert, fängt an, Löcher zu graben, zu winseln und zu heulen. Er wird die kleinste Lücke im Zaun dazu benutzen, jeden, der vorbeikommt, anzubellen und zu erschrecken. Wenn der Halter dagegen nichts unternimmt, kann der Hund sehr aggressiv und zu einer potenziellen Gefahr für Besucher werden.

Mischling oder Rassehund?

In Tierheimen warten Tausende von Mischlingshunden auf ein liebevolles Zuhause. Viele von ihnen werden zum idealen Gefährten und gerade weil sie gemischt sind, sind sie oftmals gesünder und neigen weniger zu rassespezifischen Defekten. Der größte Nachteil dabei ist, dass Sie nicht wissen, von welchen Eltern Ihr Mischlingshund abstammt. Größe und Gestalt mögen dabei hilfreich sein, doch Sie haben weit weniger Ahnung von seinem Temperament als bei einem Rassehund. Sollten Sie sich für einen Mischling entscheiden, bitten Sie um eine vierwöchige Probezeit, damit Sie sein Verhalten beurteilen können.

Ein Mischling kann sich zum idealen Gefährten entwickeln. Doch es ist immer besser, ihn erst einmal auf Probe mit nach Hause zu nehmen, damit Sie sein wahres Wesen entdecken können.

Adoption eines älteren Tieres

Wenn Sie hören, dass ein älteres Tier ein neues Zuhause braucht, fragen Sie genauer nach. Es können triftige Gründe vorliegen: Die Familie wandert aus und kann den Hund nicht mitnehmen. Oder der Hundehalter ist krank geworden und kann sich nicht mehr um ihn kümmern. Wenn es jedoch an Verhaltensproblemen liegt, dann lassen Sie lieber die Finger davon.

Manche Windhunde suchen ein neues Zuhause, wenn ihre Tage auf der Rennbahn vorüber sind. Diese Tiere sind im Allgemeinen sanftmütige Gefährten, die gut in eine Familie passen, doch weil sie auf bewegliche, buschige Ziele trainiert wurden, können sie für andere Haustiere zur Gefahr werden.

Manchmal werden auch einzelne Foxhounds oder Beagles aus einem Jagdrudel angeboten. Bedenken Sie, dass solche Hunde sehr laut und nicht stubenrein sind. Im Hundezwinger haben sie gelernt, ihr Geschäft innerhalb dieses Geländes zu verrichten. Diese Hunde benötigen sofortiges Training, wenn man ein Malheur im Haus verhindern möchte. (Siehe dazu Seiten 98–99.) Manchmal lernen es diese Hunde nie. Sprechen Sie mit Ihrem Tierarzt.

In die Jahre gekommene Windhunde sind wunderbare Gefährten. Sie jagen jedoch alles, was sich bewegt, und man muss sie behutsam neu trainieren.

Die Wahl der Rasse

Wenn Sie schon einmal einen Hund einer bestimmten Rasse hatten, wählen Sie möglicherweise wieder den gleichen. Vielleicht hatten Sie aber auch einen Mischling und möchten es nun mit einem Rassehund versuchen. Bevor Sie sich entscheiden, überlegen Sie sich ganz genau, welche Rasse am besten zu Ihnen passt.

Wenn Sie nicht wissen, welche Rasse am besten Ihren Bedürfnissen entspricht, sprechen Sie mit Ihrem Tierarzt. Er hat täglich mit verschiedenen Hunderassen zu tun und kann Ihnen wertvolle Ratschläge geben.

Bedenken Sie diese Aspekte, bevor Sie eine bestimmte Rasse in Betracht ziehen:

- die Größe, die Ihr Hund haben soll
- den Zweck, den er erfüllen soll: Gefährte, Hundeschau, Arbeit, Gehorsamkeitstraining oder Wachhund
- Ihre Kenntnisse und Erfahrungen mit Hunden: Können Sie mit bestimmten Rassen umgehen?
- die körperliche Kraft, die er entwickeln kann, und ob Sie physisch in der Lage sind, mit ihm umzugehen
- das Heim, in dem Sie leben, und der Raum innerhalb und außerhalb des Hauses
- das Umfeld, in dem Sie leben: Stadt, Dorf oder tiefes Land
- die Anzahl der Familienmitglieder und ihr Charakter. Manche Rassen sind nicht so gut für Kinder geeignet, andere sind zu wild für ältere, gebrechliche Menschen.
- wie viel Kameradschaft Sie Ihrem Hund bieten können
- wie viel Auslauf Sie Ihrem Hund bieten können
- das Training: Manche Rassen brauchen eine harte Hand und sogar fortgeschrittenes Training durch einen Profi.
- das Klima. Kurzgesichtige Hunde (z. B. Bulldoggen) neigen bei Hitze zu Atembeschwerden. Bei tropischem oder subtropischem Klima eher eine kurzhaarige, langnasige Rasse wählen. Rassen mit dickem Fell benötigen den Jahreszeitenwechsel, da sie ihr Fell zwei Mal pro Jahr wechseln. Hunde für kaltes Klima sind z. B. Chow Chow, Spitz, Samoyed, Elchhund und Neufundländer.

Je besser Sie verstehen, wie und warum eine Rasse entwickelt wurde, desto besser verstehen Sie auch Wesen und Instinktverhalten Ihres zukünftigen Hundes. Besorgen Sie sich Lektüre über die Rassen, die Sie interessieren. Sprechen Sie mit Ihrem Tierarzt. Er kann Ihnen wertvolle Hinweise geben. Bedenken Sie, dass es enorme Unterschiede gibt zwischen einzelnen Hunden einer bestimmten Rasse. Es ist sehr wichtig, ein Tier genau zu begutachten, bevor Sie sich entscheiden.

Wie erkennen Sie einen guten Hundezüchter?

- Informieren Sie sich bei Ihrem Kennel-Club und Hundezüchterverband.
- Informieren Sie sich bei örtlichen Hundevereinen.
- Sprechen Sie mit Hundehaltern, die die von Ihnen bevorzugte Rasse besitzen. Finden Sie heraus, ob Sie Probleme mit ihrem Hund haben und wo sie ihn erworben haben.
- Sprechen Sie mit dem örtlichen Tierarzt. Hundehalter, die aufgrund von Zuchtmängeln Probleme mit ihrem Hund haben, sprechen normalerweise mit ihrem Tierarzt darüber. Dadurch erfahren Sie schnell, welche die besten Hundezüchter sind.

Nachdem Sie einige angesehene Hundezüchter kennengelernt haben, fragen Sie sie, warum sie Hunde züchten. Manche züchten, um an Hundeschauen teilzunehmen. Doch Erfolg bei der Hundeschau heißt noch lange nicht, dass der Nachwuchs zu Ihnen passen muss. Erkundigen Sie sich beim Tierarzt nach eventuellen Erbfehlern.

Die Wahl des Hundezüchters

Ein verantwortungsvoller Züchter legt Wert darauf, gesunde Hunde mit den für ihre jeweilige Rasse als Standards festgelegten Merkmalen zu züchten. Ihm liegt daran, dass seine Welpen an Hundehalter gehen, die sich wirklich um sie kümmern. Ein guter Züchter informiert ausführlich über die Wesensmerkmale der entsprechenden Rasse, gibt Ratschläge zu Ernährung, Gesundheitsfürsorge und Impfungen.

Die Wahl des Welpen

Kaufen Sie einen Welpen nie aus einer momentanen Laune heraus. Planen Sie im Voraus. Nehmen Sie sich die Zeit, den richtigen Welpen auszuwählen und Ihr Zuhause auf seine Ankunft vorzubereiten. Besuchen Sie den Hundezüchter, wenn möglich, bevor das Muttertier wirft. Versuchen Sie, beide Eltern zu sehen. Sorgen Sie dafür, dass Sie die Wahl unter einigen Welpen haben und man Ihnen nicht einen Welpen „zuordnet". Manchmal ist es möglich, einen Welpen zu erstehen, der zwar auf keinen edlen Stammbaum zurückschauen kann, dafür aber billiger ist. Er darf nicht zu Zuchtzwecken herangezogen werden und muss sterilisiert werden.

Es ist wichtig, dass es einen „offiziellen" Hundehalter gibt, der die Rolle des Rudelführers übernimmt.

Verschenken Sie einen Hund nur, wenn Sie sicher sind, dass der Beschenkte einem Hund die notwendige Stabilität bieten kann.

Der Welpe sollte:

- zwischen sieben und acht Wochen alt sein
- von der Muttermilch entwöhnt sein
- kräftig genug sein, um ohne seine Mutter auszukommen
- noch beim Muttertier sein (damit Sie deren Wesen besser einschätzen können)
- wachsam, gescheit und gesund sein
- nicht zu aggressiv gegenüber Menschen oder Geschwistern sein
- zu Ihnen kommen wollen
- um die Augen, Ohren, Nase und After sauber sein und gesunde Haut haben

Der Hundezüchter sollte:

- den Nachweis über Entwurmung und Impfungen erbringen
- Sie umfassend informieren über momentane und zukünftige Ernährung des Welpen
- die entsprechenden Abstammungspapiere vorweisen können

Wenn Sie nicht möchten, dass Ihr Welpe Ihre eigene Haarbürste schnappt, erlauben Sie ihm nicht, mit seinen Pflegeinstrumenten zu spielen.

Sie sollten:

- nie einen Welpen aus einem kranken Wurf nehmen
- versuchen, den Züchter zu überzeugen, dass Sie den Welpen zur Probe nehmen, falls es Probleme gibt
- ihn unter der Bedingung nehmen, dass er einer umfassenden tierärztlichen Untersuchung unterzogen wurde
- den Welpen vom Tierarzt untersuchen lassen, sobald Sie ihn bekommen haben

Die Wahl des Temperaments

Natürlich wünschen Sie sich einen Welpen, der im Wesen genau den Standards seiner Rasse entspricht. Doch bei jeder Rasse gibt es Unterschiede unter den einzelnen Hunden. Die Wahl des Temperaments beginnt beim Züchter. Ein verantwortungsvoller Hundezüchter beobachtet seine Welpen und überwacht ihre Fortschritte genau. Kaufen Sie nur von einem Züchter mit gutem Ruf und prüfen Sie das Temperament des Muttertiers (und wenn möglich des Vaters). Dennoch kann sich das Temperament des Welpen später ändern. Selbst der gehorsamste Welpe eines Wurfs kann später frech werden, wenn er von seinem Wurf getrennt wurde und sich in seinem neuen Zuhause etabliert hat. Das Temperament eines Hundes kann auch vom Temperament des Hundehalters und seinem Umfeld abhängen. Das heißt, es hängt von Ihnen und Ihrer Familie ab, wie sich Ihr Hund benimmt.

Der Lhasa Apso ist ein kleiner Hund mit langem, gräulichem oder goldenem Fell und reich befedertem Schwanz. Ursprünglich wurde er in Tibet gezüchtet und innerhalb buddhistischer Klöster als Wachhund gehalten.

Leben mit einem Hund

Pflege und Unterbringung

Ob Welpe oder ausgewachsener Hund, Wesen, Temperament und Gesundheit Ihres neuen Hundes hängen sehr davon ab, wie er von Ihnen und Ihrer Familie behandelt wird. Für die meisten Leute ist der Hund ein Begleiter und in der Tat, ein Hund ist ein großartiger Gefährte. Doch er ersetzt keinen Menschen. Er hat eigene Bedürfnisse und eine eigene Psyche. Die Beziehung zwischen Hund und Halter ist immer wechselseitig und es ist wichtig, dass der Hundehalter die Welt seines Hundes aus dessen Sicht versteht. Dann lassen sich Verhaltensprobleme vermeiden oder zumindest sofort erkennen und der Hundehalter versteht, wie er damit umgehen muss und wo er Hilfe erhält.

Jeder Welpe sollte einen ruhigen, sicheren Schlafplatz und eigenes Spielzeug haben. Ein Laufstall oder eine große Reisekiste eignen sich dazu gut.

Ein Heim für Ihren Welpen

Zwischen drei und sechzehn Wochen geht Ihr Welpe durch eine besonders wichtige Lernphase. Neu gewonnene Eindrücke in dieser Zeit halten lange an. Wenn der Kleine bei Ihnen ankommt, hat er die Geborgenheit von Mama und Geschwistern verloren und muss sanft und liebevoll an seine neue Umgebung gewöhnt werden.

Vermeiden Sie Stress

Vermeiden Sie lautes Türenschlagen und Kindergeschrei. Anfangs sollte Ihr Welpe nur mit einer begrenzten Anzahl von Leuten in Berührung kommen und nur langsam an mehr fremde Gesichter gewöhnt werden. Kinder sollten nicht alles mit ihm machen dürfen, besonders nicht, wenn er ruht oder schläft.

Bequemlichkeit

Sorgen Sie für ein bequemes Lager. Falls Sie sich kein richtiges Hundebett leisten können, tut es auch eine Pappschachtel, von der eine Seite abgetrennt wurde. Falls Sie ein Hundebett kaufen, sollte es von Anfang an groß genug sein. Legen Sie gleich eine ruhige Ecke fest, in der Ihr Hund auch später schlafen soll. Die ersten paar Nächte sollte Ihr Welpe ein Kuscheltier und eine Wärmflasche unter sein Lager bekommen. Das hilft ihm, sich besser einzugewöhnen. Er ist möglicherweise bekümmert, weil er von seinem Wurf getrennt wurde. Eine tickende Uhr oder ein leises Radio können helfen, ihn zu beruhigen. Wenn er wach ist, schmusen Sie viel mit ihm. Um Freundschaft auszudrücken, reden Sie in leisem, freundlichem Ton und mit fester Stimme, wenn Sie mit etwas nicht einverstanden sind.

Diese zahnende Bordeauxdogge beißt zur Erleichterung in ein quietschendes Spielzeug.

Sicherheitsmaßnahmen

Wenn Sie Ihr Zuhause auf den Neuankömmling vorbereiten, tun Sie dies genauso wie für ein Kleinkind.

- Räumen Sie alle Putzmittel und Chemikalien weg wie z. B. Schneckengift.
- Elektrische Kabel außer Beißweite halten.
- Keine Nahrungsmittel in Folie oder Papier liegen lassen, die er erreichen könnte.
- Er darf in keinen Mülleimer fallen, da er ersticken könnte.
- Bedenken Sie, dass Garten- und Hauspflanzen ein Risiko bedeuten können.
- Funken von Ofenfeuer oder Zigarette können seine Augen und Haut verletzen.
- Jeder, der Rasenmäher, Fahrrad, Skateboard, Rollerblades usw. verwendet, muss extra vorsichtig sein.
- Überprüfen Sie, wo sich Ihr Welpe befindet, bevor Sie den Wagen starten.
- Sorgen Sie dafür, dass Ihr Welpe nicht durch den Zaun um den Swimmingpool krabbelt.

Sicheres Hundespielzeug, auf dem Ihr Welpe herumkauen kann

Infektionen, die Sie von Ihrem Hund bekommen können

Manche Infektionen können vom Hund auf den Menschen übertragen werden: Tollwut, Darmparasiten wie z. B. Spulwurm, Hakenwurm und Bandwurm; Leptospirosis und andere bakterielle Infektionen wie Campylobacter und Salmonellen sowie Scherpilzinfektion.

- Kommen Sie nicht mit Hundeharn oder -kot in Berührung.
- Waschen Sie die Hände, nachdem Sie einen Hund angefasst haben.
- Lassen Sie es nicht zu, dass ein Hund Ihr Gesicht ableckt.
- Essen Sie nichts, was vom Hund abgeleckt worden sein könnte.

Hausregeln

Ein Welpe ist ein Mitglied Ihres Familien-„rudels", das heißt aller Familienmitglieder einschließlich weiterer Haustiere. Er muss lernen, dass Sie der Rudelführer sind und er ganz unten steht. Wenn Ihr Welpe das erkannt hat, wird er glücklicher sein und leichter Befehle ausführen. Zuerst muss er die Hausregeln kennen und wenn er sich eingelebt hat, beginnen Sie, ihm die Grundbefehle beizubringen. (Siehe Seiten 74–76.)

Futter und Wasser

Füttern Sie Ihrem Welpen erst einmal das, was er zuvor bekommen hat. Stellen Sie ihm Neues über mehrere Tage hinweg vor, damit er keine Verdauungsprobleme bekommt. Wir empfehlen, fertiges Hundefutter zu kaufen, da es sehr ausgewogen ist. Sorgen Sie ständig für sauberes, frisches Wasser. Eine tiefe Schale aus rostfreiem Stahl oder Steingut ist gut geeignet. Im Sommer kann es mit Eis gekühlt werden.

Spielen, Spielzeug und Kauen

Spielen tut Welpen gut. Innerhalb seines Wurfs bekommt der Welpe Bewegung und lernt, sich seine Rolle im Rudel zu erkämpfen. Während der ersten Wochen muss er begreifen, dass die Familienmitglieder dominant sind. Wenn er versucht, die Oberhand zu gewinnen, zeigen Sie ihm, dass Sie nicht einverstanden sind. Welpen kauen gerne auf Gegenständen herum, weil es ihnen beim Zahnen hilft und weil sie so ihr Umfeld erforschen.

Geben Sie diesem Drang nach, doch sorgen Sie dafür, dass:

- das Material in Ordnung ist
- der Gegenstand groß genug ist, damit er ihn nicht schlucken kann
- er auf keinem alten Schuh herumkaut. Sonst macht er auch vor einem neuen nicht Halt. Besser ist etwas aus ungegerbtem Leder.

Stubenrein

Sobald Ihr Welpe bei Ihnen zu Hause ist, sollten Sie mit den ersten Grundregeln beginnen. In den ersten Wochen lernen Welpen sehr schnell. Am besten belohnen Sie ihn mit einem kleinen Leckerbissen, wenn er etwas gut gemacht hat. So lernt er in der ersten Woche schon einige Grundregeln. Ihr Welpe sollte ungefähr sieben oder acht Wochen alt sein, denn in dieser Zeit beginnt er, Substratpräferenz zu entwickeln. Das heißt, er lernt schnell, dass Gras oder Erde seine Toilette sind, solange man ihm dazu freien Zugang gibt. Bedenken Sie rechtzeitig, dass Ihr Welpe „muss". Gleich wenn er aufwacht, vor oder nach den Mahlzeiten, ausgiebigem Spiel und Bewegung oder wenn er abwesend schaut, im Kreis geht oder auf dem Boden herumschnüffelt. Es ist wichtig, dass Sie ihn dann an eine bestimmte Stelle im Garten bringen und warten, bis er sich erleichtert hat. Loben Sie ihn danach immer. Stehen Sie niemals an der Tür und warten ab, bis Ihr Hund selbst nach draußen geht. Er wird sonst wahrscheinlich nur ein bisschen herumlaufen und dann zu Ihnen zurückkommen, ohne sich erleichtert zu haben. Wenn Sie möchten, können Sie ihm ein Wort dafür beibringen. Er wird das Wort schnell mit „Geschäft machen" assoziieren. Wenn Sie das geschafft haben, können Sie ihm beibringen, es lieber zu Hause zu tun als woanders. Entfernen Sie den Kot danach immer.

Geben Sie Ihrem Welpen niemals freien Zugang zum gesamten Haus. Er kann die Orientierung verlieren und sich irgendwo im Haus erleichtern. Sie sollten bei ihm sein, wenn er „muss", und ihn nach draußen führen. Junge Hunde haben kleine Blasen und können sie noch nicht kontrollieren. Erwarten Sie nicht, dass er seinen Urin von 20:00 bis 8:00 Uhr halten kann. Gehen Sie gegen 23:00 Uhr mit ihm hinaus und morgens um 5:00 Uhr wieder. Ein Welpe hat nur eine kurze Aufmerksamkeitsspanne. Wenn er sich im Haus erleichtert, bestrafen Sie ihn nicht. Wenn Sie es hinterher entdecken, entfernen Sie es einfach, wenn Sie ihn dabei ertappen, sagen Sie mit fester Stimme „Nein". Dann nehmen Sie ihn hinaus und loben ihn, wenn er sich auf dem Gras erleichtert hat. Wenn möglich, nehmen Sie das „Malheur" auf einem Küchenpapier mit hinaus, damit er sein Geschäft mit draußen assoziiert.

Wenn Ihr Welpe stubenrein werden soll, sollte er sein Geschäft nicht auf der Zeitung machen, sonst könnte ein „Malheur" mit Ihrer Wochenendzeitung passieren.

Sozialisation

Sollten Sie andere Haustiere haben, muss Ihr Welpe behutsam mit ihnen angefreundet werden. Wenn Sie eine Katze haben, bitten Sie Ihren Tierarzt, ihre Krallen zu schneiden, damit sie nicht die Augen des Welpen verletzen kann. Lenken Sie Ihren kleinen Hund zunächst ab, wenn er der Katze hinterherjagen will. Ihr Kontakt sollte wohl dosiert sein.

Wenn Sie einen weiteren Hund haben, stellen Sie die beiden einander außerhalb des Hauses vor. Schenken Sie dem älteren Hund viel Aufmerksamkeit und überwachen Sie das gemeinsame Spiel. Erst wenn der Kleine sich gut eingewöhnt hat, können Sie die beiden alleine lassen. Doch selbst dann wäre es besser, wenn der Jüngere einen Bereich für sich hätte, wo er vom Älteren nicht gestört werden kann. Vielleicht eine Holzkiste oder ein Loch im Hundezwinger, durch das der ältere Hund nicht durchkommt. Ihr Welpe sollte auch erst mit Hunden aus der Nachbarschaft in Kontakt kommen, wenn sein Impfprogramm beendet ist. Wenn möglich, melden Sie ihn zum Training für junge Hunde an. (Siehe Seite 73.)

Wenn Sie andere Haustiere haben, stellen Sie diese dem Welpen so früh wie möglich vor und ermutigen Sie ihn, lieb mit ihnen umzugehen.

Das Zusammentreffen mit anderen Menschen muss behutsam und ruhig sein, damit es der Kleine genießt. Kinder, die zu Besuch sind, dürfen nicht grob mit ihm umgehen.

Auch wenn Hund und Katze in einem Haushalt liebevoll miteinander umgehen, ist eine Katze zu unabhängig und eignet sich nicht als täglicher Gefährte für einen Hund.

Revier

Beschränken Sie das Revier Ihres Welpen, bis er stubenrein ist. Ein Laufstall, der sich überall hintragen lässt, ist hierfür ideal. Wenn er stubenrein ist, können Sie ihm so viel Freiheit zugestehen, wie Sie möchten. Sorgen Sie dafür, dass Ihr Garten eingezäunt ist und die Gartentore Schnappschlösser haben. Hunde brauchen normalerweise nicht lange, bis sie ihr eigenes Revier kennen. Kontakt mit anderen Hunden sollte erst stattfinden, wenn sein Impfprogramm nach 12–16 Wochen beendet ist. Eine Hundeschule können Sie mit ihm besuchen, da diese im Allgemeinen auf Sauberkeit achten. (Siehe Seite 73.)

Gehen Sie nicht in Parks, Wälder und öffentliche Anlagen, wo andere Hundehalter ihre Vierbeiner Gassi führen. Nehmen Sie Ihren Hund wenn möglich am frühen Morgen mit an den Strand. Der Sand bis zur Hochwassermarke wurde über Nacht überspült und ist frisch. Gehen Sie nicht auf den trockenen Sand und bedenken Sie, dass andere Spaziergänger auch einen sauberen Strand begrüßen.

Es ist wichtig, dass Ihr Welpe eine ruhige Ecke zum Ausruhen hat.

Impfungen
Seite 106, So schützen Sie die Gesundheit des Hundes

Entwurmung
Seiten 111–116, So schützen Sie die Gesundheit des Hundes

Vermeidung von Flohbefall
Seiten 118–120, So schützen Sie die Gesundheit des Hundes

Bewegung und Training an der Leine
Wenn sein Impfprogramm beendet ist, braucht Ihr Hund täglichen Auslauf. Bis dahin sollte er an Halsband und Leine gewöhnt sein.

Training mit Halsband und Leine
Seiten 79–81, Hundetraining

Tägliche Bewegung

Ihr kleiner Hund soll sich bewegen, aber nicht so, dass er sich überanstrengt. Auf keinen Fall sollten Sie auf dem Fahrrad sitzen und ihn an der Leine führen. Zwingen Sie ihn nicht dazu, egal wie er sich fühlt. Eine Leine, die sich von selbst ein- und ausrollt, ist ideal, da er sein eigenes Tempo bestimmen kann. Hören Sie sofort auf, wenn er müde oder gestresst aussieht. Wenn Sie mit Ihrem Welpen rennen möchten, begrenzen Sie dies auf kurze Sprints. Vorsicht bei Welpen von großen Rassen. Ihre Knochen wachsen langsamer und Überanstrengung kann zu Gelenkbeschwerden und Knochenschäden führen. Wenn Sie Zweifel haben, sprechen Sie mit Ihrem Tierarzt oder Züchter.

Bevor Sie mit ihm losgehen, verwenden Sie Ihren antrainierten Befehl, damit er sich zu Hause erleichtert (Seite 38, Stubenrein). Wenn er sein Geschäft aber erst unterwegs macht, sorgen Sie dafür, dass Sie danach sauber machen. Viele Gemeinden stellen dafür eigene Hundeabfalleimer zur Verfügung. Hundekot kann Faden- oder Hakenwürmer enthalten und die Gesundheit von Menschen gefährden (Seiten 111–116, So schützen Sie die Gesundheit des Hundes).

Zahnen und Zahnhygiene

Zwischen drei und sechs Monaten verliert Ihr kleiner Hund seine (Milch-)Zähne und die neuen, permanenten Zähne wachsen nach. Sie helfen ihm beim Zahnen, wenn Sie ihm in dieser Zeit weiche Nahrung geben und ihn auf ungegerbtem Leder herumkauen lassen. Dies hilft auch gegen Zahnstein. Gute Ernährung unterstützt saubere Zähne und gesundes Zahnfleisch. Beim Tierarzt gibt es Hundezahnpasta. Trainieren Sie Ihren Welpen, damit Sie ihm die Zähne mit einer weichen Zahnbürste putzen können. Es gibt auch spezielle Nahrungsmittel mit Schmirgeleffekt.

Durch regelmäßiges Spiel entsteht eine starke Bindung zwischen Ihnen und Ihrem Hund.

Pflege Ihres Hundes

Bürsten und Kämme

Sobald Sie Ihren Welpen bekommen, sollten Sie ihn an regelmäßige Pflege gewöhnen. Stellen Sie ihn täglich auf ein Stück alten Teppich oder Ähnliches und überprüfen Sie Fell, Ohren, Maul, Zähne, Augen, Bauch, Pfoten usw. Auch wenn er nicht gebürstet werden muss, tun Sie es trotzdem. So gewöhnt sich Ihr Welpe an diese Routine und Sie entdecken Flöhe, Flohkot oder Hautprobleme schneller. Machen Sie es ihm angenehm, loben und belohnen Sie ihn danach.

Ihre Pflegeinstrumente sollten aus Bürste, Kamm, Handschuh, Schwamm, Wattebäuschen, Hundehandtuch, abgerundeter Schere und Nagelzwicker bestehen.

Es gibt Bürsten für alle Fellarten. Empfindliches Fell benötigt eine weiche Bürste, dickfellige Rassen können härtere Borsten vertragen, Gummibürsten eignen sich für kurze, dichte Fellarten wie z. B. bei Boxern. Nadelbürsten eignen sich für Hunde mit langem, feinem Fell wie z. B. Yorkshire Terrier.

Grobe Kämme eignen sich für Hunde mit langer, feiner Behaarung, feine Kämme sind nützlich, wenn sich die Befederung an Läufen, Ohren und Rute verknotet hat. Es gibt Spezialkämme, um dichte Unterwolle zu lichten wie z. B. bei Labrador Retrievern und Deutschen Schäferhunden.

Langhaarige Rassen benötigen mehr Pflege. Achten Sie besonders auf die Befederung an Läufen und Rute. Überprüfen Sie Pfoten, Ballen und Krallen.

Mit einem feuchten Schwamm lässt sich Dreck an den Fußballen entfernen, um Entzündungen zu verhindern.

Mit einem feuchten Wattebausch entfernen Sie den „Schlaf“ aus seinen Augen. Sehen Sie unter der Rute nach, ob er sauber ist. Längere Haare an dieser Stelle sollten entfernt werden.

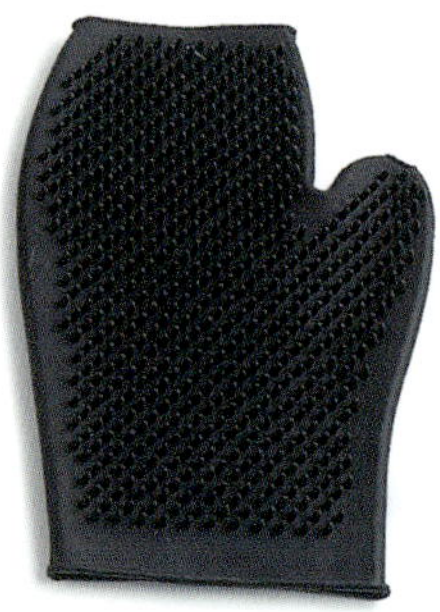

Eine Bürste mit harten Borsten eignet sich für Hunde mit dickem Fell. Ein Kamm mit zweierlei Zinken, eine Bürste für dichte Unterwolle und ein Pflegehandschuh können sehr nützlich sein.

Baden

Wenn Sie Ihren Hund regelmäßig pflegen, ist Baden nur notwendig, wenn er sehr schmutzig ist oder riecht. Bevor Sie ihn baden, kämmen Sie ihn gründlich. Verwenden Sie Hundeshampoo und lauwarmes Wasser. Besonders Welpen sind dafür dankbar. Stecken Sie einen Wattebausch in jedes Ohr, damit kein Wasser hineinkommt, und verhindern Sie, dass Shampoo in irgendeine Körperöffnung gelangt. Spülen Sie ihn gründlich ab und beachten Sie den Bereich zwischen Vorder- und Hinterläufen besonders. Ein Welpe friert leicht. Er muss gut mit dem Hundehandtuch abgetrocknet werden. Wenn Sie einen Fön benutzen, gehen Sie währenddessen mit den Fingern durch sein Fell, damit Sie merken, ob es zu heiß wird.

Krallen

Die Krallen eines Hundes wachsen wie die Nägel eines Menschen. Bei einem Welpen müssen sie etwa alle sechs Wochen abgezwickt werden. Sie können dies entweder selbst machen oder aber in der Tierarztpraxis oder im Hundesalon machen lassen. Je nach Rasse und Laufgewohnheiten müssen die Krallen auch beim älteren Hund gestutzt werden. Sollte Ihr Welpe eine Afterkralle (eine zusätzliche Kralle, ohne Funktion) haben, prüfen Sie regelmäßig, ob sich nichts darin verfangen hat oder sie eingerissen ist. In Extremfällen kann sich die Kralle einrollen und einwachsen.

Hundesalons

Viele Hunderassen benötigen sehr viel Pflege. Manche müssen gestrippt und getrimmt werden, wenn der Halter wünscht, dass sein Hund die Standardmerkmale für seine Rasse aufweist, oder wenn der Hund an Schauen teilnehmen soll. Wenn Sie sich dies zutrauen und Sie die Zeit haben, können Sie es selbst tun. Wenn nicht, lassen Sie es von einem Profi machen. Es gibt auch Kurse für die Hundepflege. Gewöhnen Sie Ihren Hund behutsam daran, da die meisten Hunde nicht gerne stillhalten, besonders wenn sie gebadet werden sollen.

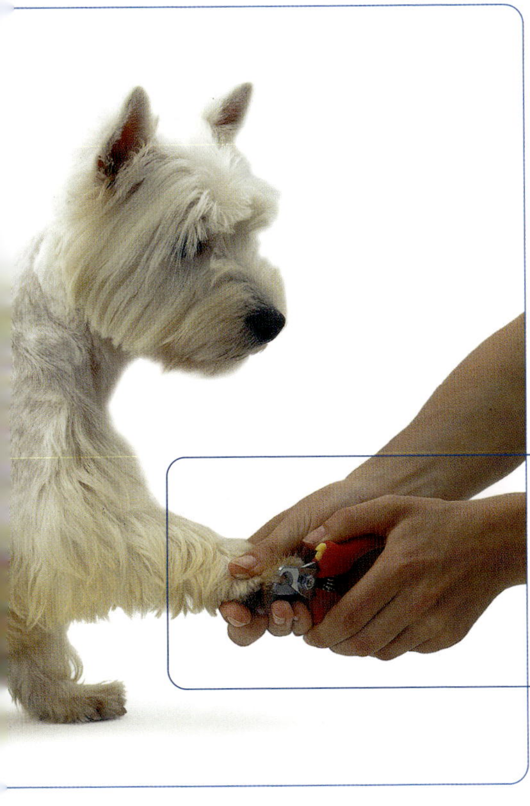

Da die meisten Hunde oft nur auf weichen Teppichen oder Gras gehen, wetzen sich ihre Krallen nicht auf natürliche Weise ab. Sie müssen gekürzt werden. Fragen Sie Ihren Tierarzt, wenn Sie nicht sicher sind.

Sterilisation

Wenn Ihr Hund keinen edlen Stammbaum weiterführen soll, ist es besser, ihn sterilisieren zu lassen. Bei Hündinnen ist die beste Zeit, wenn sie fünf bis sechs Monate alt sind (vor ihrem ersten Zyklus) und bei Rüden sechs Monate oder mehr. Fragen Sie Ihren Tierarzt um Rat. Sterilisierung hat viele Vorteile. Sie vermeiden vor allem unerwünschten Nachwuchs. Zu viele Hunde im Tierheim warten schon auf ein Zuhause. So vermindern Sie auch die Gefahr, dass er Krebs an Prostata bzw. am Gesäuge bekommt. Außerdem reduziert es den Kopulationsdrang bei Rüden (er ist nicht frustriert).

Tagespflege

Wenn Sie regelmäßig länger als vier Stunden von zu Hause weg sind, bemühen Sie sich um einen Hundesitter. Ein regelmäßiger Acht-Stunden-Arbeitstag ist zu lange und kann Ihrem Hund nicht zugemutet werden. Hunde, die so lange allein gelassen werden, entwickeln schlechte Gewohnheiten und werden ungesellig. Ein weiterer Hund könnte eine gute Gesellschaft sein. Katzen eignen sich eher weniger, doch sie sind allemal besser als gar keine Gesellschaft.

Mit dem Hund auf Reisen

Das Gesetz

Wenn Sie mit Ihrem Hund verreisen, muss er Ihren Namen und Ihre Telefonnummer am Halsband tragen, damit Sie ihn schnell wieder bekommen, falls er verloren geht. Informieren Sie sich vorab über die Vorschriften im jeweiligen Land. In manchen Ländern müssen Hunde immer an der Leine geführt werden. Parks und Strände stehen vielleicht nur begrenzt für Hunde zur Verfügung. Fast überall müssen Sie Verunreinigungen durch Ihren Hund entfernen.

Im Auto

Trainieren Sie Ihren Hund, wenn möglich von klein an, mit Ihnen im Auto zu fahren. So hat er keine Angst und ihm wird bei der Fahrt nicht übel. Ihr Hund darf kein Risiko im Auto darstellen. Zu Ihrer und seiner Sicherheit sollte er im Kombi oder Wagen mit Hecktür transportiert werden. Bringen Sie ein Sicherheitsgitter an, damit er während der Fahrt nicht nach vorne auf den Sitz springt. Wenn Ihr Hund auf dem Rücksitz bleiben muss, schnallen Sie ihn an. Wenn er klein genug ist, bringen Sie ihm bei, in einer Reisekiste zu sitzen, die angeschnallt oder so verstaut werden kann, dass sie sich nicht bewegt, falls Sie bremsen müssen. Sollten Sie Platz im Wagen haben, trainieren Sie Ihren Hund, in einer Hundebox zu sitzen. Sie wird bald zu seinem erweiterten Zuhause und er wird sich schnell daran gewöhnen. Hundeboxen werden im Allgemeinen von Haltern verwendet, die mit ihrem Vierbeiner an Schauen teilnehmen und ihn sicher und bequem unterbringen möchten. Wenn Sie Ihren Hund im Wagen lassen müssen, tun Sie dies nur kurz. Sorgen Sie dafür, dass das Fahrzeug im Schatten geparkt ist und der Hund genug Luft bekommt. In der Sonne kann die Innentemperatur schnell über 40°C steigen und Ihr Hund kann einen Hitzschlag bekommen. Bedenken Sie, dass die Sonne wandert. Ein Schattenplatz kann später der Sonne voll ausgesetzt sein. Spezialscheiben sorgen dafür, dass Ihr Hund zwar genügend Luft bekommt, aber nicht entwischen kann.

Im Urlaub

Sorgen Sie dafür, dass Ihr Hund alle notwendigen Impfungen hat. Die Infektionsgefahr am Urlaubsort könnte höher sein als in Ihrer Umgebung zu Hause. Pflegen Sie Ihren Hund täglich und untersuchen Sie sein Fell auf Zecken und andere Parasiten. Erkundigen Sie sich vorab nach einer Tierklinik.

In einem Käfig wird Ihr Hund sicher nicht so gerne reisen. Wenn Sie ihn rechtzeitig daran gewöhnen, wird die Erfahrung weniger traumatisch für ihn sein.

In Bus, Bahn oder Flugzeug

Wenn Sie nicht im eigenen Wagen reisen, muss Ihr Hund vielleicht in einer Kiste getrennt von Ihnen reisen. Nehmen Sie sich die Zeit und bereiten ihn darauf vor, damit er keine Angst bekommt. In seiner eigenen Kiste, mit eigener Decke und Spielzeug, wird er sich besser fühlen. Füttern Sie ihn nicht schon sechs Stunden, bevor die Reise losgeht. Fragen Sie Ihren Tierarzt, falls Sie befürchten, es könnte ihm schlecht werden.

Wenn Sie vorhaben, Ihren Hund mit sich ins Ausland zu nehmen, bedenken Sie, dass er in manchen Ländern bis zu sechs Monaten in Quarantäne bleiben muss.

Ins Ausland reisen

Wenn Sie ins Ausland reisen, benötigen Sie in den meisten Fällen Reisedokumente, nicht nur für sich, sondern auch für Ihren Hund. Erkundigen Sie sich rechtzeitig nach den Vorschriften des Landes, das Sie ansteuern. Sie benötigen wahrscheinlich eine tierärztliche Bestätigung, dass Ihr Hund reisetüchtig ist und keine ansteckenden Krankheiten hat. Es empfiehlt sich, seine Tollwutimpfung aufzufrischen. Manche Länder wünschen die Dokumente in ihrer Landessprache. In einigen Ländern muss Ihr Hund erst einmal in Quarantäne, sofern nicht bestimmte Anforderungen wie z. B. Mikrochip-Identifikation und Bluttests erfüllt sind.

Haustier-Reiseverkehrsregelung (Pet Travel Scheme – PETS)

Sie trat am 3. Juli 2004 in Kraft und legt die Regeln für die Reise von Heimtieren zwischen Mitgliedstaaten der Europäischen Union (EU) oder aus Drittländern in die EU fest. Dabei muss der Halter beachten, dass dies nur bei bestimmten Transportgesellschaften und Einreise(flug)häfen möglich ist. Dasselbe gilt von Europa auf die Britischen Inseln.

Hunde aus Europa nach Großbritannien

Hunde (auch Führ- und Hörhunde) können unter bestimmten Bedingungen aus Deutschland nach dem Vereinigten Königreich eingeführt werden, ohne zunächst unter Quarantäne gestellt zu werden. Hierzu müssen sie mit einem Mikrochip versehen werden, gegen Tollwut geimpft und einer Blutuntersuchung unterzogen werden und einen EU-Heimtierausweis ausgestellt bekommen, und zwar in dieser Reihenfolge.

Im Rahmen des PETS besteht eine Sechs-Monate-Wartefrist ab dem Tag der Blutprobe, bevor das Heimtier ins Vereinigte Königreich einreisen darf.

Bitte wenden Sie sich bei Fragen an folgende E-Mail-Adresse:
pets.helpline@defra.gsi.gov.uk

Oder informieren Sie sich auf dieser Internet-Seite:
www.britischebotschaft.de/de/embassy/agriculture/pets.htm

Unterbringung

Rechtzeitiges Training hilft. Sie können Ihren Hund für kurze Zeit bei Freunden oder Nachbarn lassen, damit er sich daran gewöhnt, von Ihnen getrennt zu sein, und lernt, dass Sie wieder zurückkommen. Es gibt Hundepensionen von unterschiedlicher Qualität und Service. Meist ist dies preisabhängig. Eine gute Hundepension wird Ihnen erlauben, sich vorher ein Bild machen zu dürfen. Beobachten Sie das Verhalten anderer Hunde und sprechen Sie mit dem Personal über Pflege, Auslauf und Ernährung. In Ihrer örtlichen Tierklinik wird man Ihnen sicher eine gute Hundepension empfehlen und über eventuell anfallende Impfungen Auskunft geben.

Hundesitter

Wenn Sie keine Hundepension möchten, ist es vielleicht besser, Sie beauftragen jemanden, der sich während Ihrer Abwesenheit um Haus und Hund kümmert. Fragen Sie Ihren Tierarzt, ob er jemand Zuverlässigen kennt.

Ernährung

Eine ausgewogene Ernährung

Wölfe und andere wilde Tiere aus der Familie der Caniden sind Fleischfresser. Doch Fleisch alleine liefert nicht alle lebenswichtigen Bestandteile. Diese Tiere fressen auch viel Gemüse, entweder direkt oder indem sie den Mageninhalt der erbeuteten Tiere fressen. Andere Nährstoffe einschließlich Insekten gehören mit zu ihrer Ernährung.

Lebenswichtige Nährstoffe

Hunde (wie Wölfe) brauchen mehr als nur Fleisch, um gesund zu bleiben. Ihr Körper benötigt Fett, Kohlenhydrate, Mineralstoffe, Vitamine und Ballaststoffe. (Wenn Sie große Mengen an Gemüseeiweiß zuführen möchten, sprechen Sie mit Ihrem Tierarzt.)

Es ist unerlässlich, dass Sie Ihrem Hund eine nährstoffreiche und ausgewogene Ernährung bieten, damit seine Knochen und Zähne stark und sein Fell gesund bleiben.

Energie

Hunde müssen genügend Kalorien (Kilojoule) zugeführt bekommen, um Energie zu haben. Dies variiert je nach Alter, Größe und Bewegung bzw. Arbeit, die sie leisten. Die Energiezufuhr hängt auch von der Körperoberfläche ab, denn sie bestimmt, wie viel Wärme der Hund verliert. Ein kleiner Hund hat verhältnismäßig mehr Oberfläche als ein großer. Ein Hund mit 2,5 kg Gewicht bringt es z. B. auf 300 Prozent mehr Oberfläche als ein großer Hund mit 50 kg. Um die genaue Menge an Energie zu bestimmen, die Ihr Hund benötigt, müssen sein Gewicht und seine Gesundheit kontinuierlich überwacht werden. Ungefähr ein Drittel aller Familienhunde übersteigen ihr Idealgewicht – und übergewichtige Hunde sind, genau wie Menschen, krankheitsanfälliger.

Wenn ein hoher Energiebedarf angesagt ist wie z. B. bei harter Arbeit (Windhundrennen, Schlittenhunde), wenn eine Hündin trächtig ist bzw. während der Laktationsperiode, muss die Energiezufuhr entsprechend konzentriert sein, damit Ihr Hund die Futtermengen bewältigen kann. Fertiges Hundefutter hat alle notwendigen Nährstoffe und sorgt dafür, dass Ihr Hund eine ausgewogene Ernährung erhält.

Energiebedarf

- 100 % Im Sitzen
- 400 % Hündin in der Endphase der Trächtigkeit/Säugezeit
- 300 % Sehr harte Arbeit
- 200 % Mäßige Arbeit
- 170 % Sehr kaltes Wetter
- 150 % Leichter Stress (z. B. Hundeschau oder Training)

Sehr große Rassen können bis zu 50 % mehr Energie benötigen, als hier angegeben. Der Energiebedarf kann außerdem je nach Rasse um 20 % nach oben oder unten variieren.

Situations-abhängige Ernährung

Hunde benötigen verschiedene Arten von Ernährung. Diese ist abhängig:

- vom Alter oder Wachstumsstadium – Welpe, Junghund, ausgewachsener oder alter Hund
- von der Bewegungsmenge/Arbeit, die er leistet
- wenn ein Muttertier trächtig ist oder säugt
- von der Rasse (große Rassen brauchen länger, bis sie ausgewachsen sind, und riesige Hunde benötigen spezielle Ernährung)
- von der Größe (innerhalb einer Rasse gibt es erhebliche Unterschiede)

Vorschlag zu Nährstoffbestandteilen für Hunde

Beachten Sie:
Diese Zahlen beziehen sich auf den prozentualen Anteil an Trockenmasse im Hundefutter.

Aktivität/Lebensabschnitt	Proteine	Min.-, Max.-Wert	Fett	Kohlenhydrate
Wachstum	32	28–32	15	40
Erwachsener Hund, normale Belastung	22	22–25	8	50
Erwachsener Hund, harte Arbeit	34	30–36	20	34
Erwachsener Hund, sehr harte Arbeit	38	36–45	25	25
Trächtigkeit/Laktation	32	25–32	15	40
Im Alter	22	15–22	8	50

Diese Vorschläge dienen lediglich als Richtlinien und können variieren. Wenn Sie selbst für Ihren Hund kochen möchten, sprechen Sie bitte mit Ihrem Tierarzt.

Fertiges oder selbst zubereitetes Hundefutter?

Wenn Sie das Fressen Ihres Hundes selbst zubereiten möchten, bedenken Sie, wie viel Zeit das kostet. Werden Sie dafür immer Zeit haben? Hat dieses Futter die exakten Nährwerte, die Ihr Hund braucht? Bedenken Sie auch das Preis-/Leistungsverhältnis. Die meisten Hundhalter geben ihrem Hund hauptsächlich fertiges Hundefutter und nur manchmal selbst zubereitetes Fressen. Bei einem sehr jungen oder trächtigen Hund empfiehlt sich fertiges Hundefutter, da es wichtige Nährstoffe für Wachstum und Entwicklung enthält. Besonders wichtig ist, dass Ihr Hund Kalzium und Phosphor bekommt und dies im richtigen Mengenverhältnis (gleich viel von beidem). Bei selbst zubereitetem Essen ist die richtige Dosierung schwierig. Fertiges Hundefutter kommt auch den veränderten Bedürfnissen älterer Hunde eher entgegen.

Es ist für gewöhnlich besser, einem Welpen gutes Fertigfutter vorzusetzen, da es genau die richtigen Nährstoffe für seine Entwicklung enthält.

Fertigfutter

Gute Fertigprodukte basieren auf soliden Forschungsergebnissen und enthalten alle Nährstoffe, die Ihr Hund je nach Entwicklungsstadium braucht. Die Produkte wurden von Ernährungswissenschaftlern und Tierärzten entwickelt und kontrolliert und beruhen auf Testergebnissen, die internationalen Standards entsprechen. Fertiges Hundefutter ist ausgewogen, einfach zu füttern und die Mengenangaben sind leicht einzuhalten.

Fertiges Hundefutter gibt es mit verschiedenem Feuchtigkeitsgehalt:

- Dosen- oder Feuchtfutter. Es hat 78 % Feuchtanteile. Zudem benötigt es keine Konservierungsstoffe, da beim Kochen alle Bakterien abgetötet werden und es in der Dose steril bleibt.
- Hundewurst oder -brötchen. Dieses Futter hat 50 % Feuchtigkeitsanteil, enthält meist Konservierungsstoffe, sollte jedoch im Kühlschrank aufbewahrt werden.
- Halbtrockenes Futter. Es enthält 25 % Feuchtfutter, hat meist Konservierungsstoffe und muss nicht kühl gelagert werden. Außerdem enthält es oft viele Kohlenhydrate und Zucker. Hunde mit Diabetes sollten es nicht bekommen.
- Trockenfutter hat etwa 10 % Feuchtanteil, enthält meist Konservierungsstoffe und muss nicht kühl gelagert werden. Es ist einfach aufzubewahren, hygienisch und erhältlich für alle Rassen, Alter usw. Es gibt auch Marken ohne Konservierungsstoffe.
- Hundekekse. Feuchtigkeitsanteil von etwa 8 %. Sie enthalten Konservierungsstoffe und müssen nicht kühl gelagert werden.

Nährwertmäßig gibt es keinen Unterschied zwischen Feucht- und Trockenfutter (oben und links). Feuchtfutter ist jedoch meist teurer.

Nährwertmäßig weisen Trocken- und Feuchtfutter keinen Unterschied auf, solange dieselbe Menge an Nährstoffen garantiert ist. Doch Feuchtfutter ist meist teurer, da es durch das Wasser nur mehr Gewicht, jedoch keinen zusätzlichen Nährwert enthält. Kaufen Sie nur Qualitätsprodukte mit Angabe der Inhaltsstoffe, Fett-, Protein- und Salzgehalt sowie Ballaststoffen. Viele Hersteller liefern Mengenangaben je nach Gewicht, Wachstumsstadium und Bewegung des Hundes. Außerdem helfen Ihnen die Kalorienangaben pro Kilo, die richtige Futtermenge für Ihren Hund zu bestimmen.

Kleine Leckerbissen als Belohnung

Sie enthalten meist viel Fett und Kohlenhydrate. Geben Sie Ihrem Hund einen kleinen Leckerbissen, um sein Interesse wachzuhalten oder um ihn zu belohnen. Bedenken Sie den hohen Energieanteil und reduzieren Sie seine übrige Kalorienmenge entsprechend.

Futter aus der Tierklinik

Manche Produkte sind nur in Tierkliniken oder Tierhandlungen erhältlich. Der Unterschied zu Produkten aus dem Supermarkt ist, dass sie nach speziellen Rezepturen hergestellt und ihre Bestandteile garantiert sind. Sie enthalten kein strukturiertes Gemüseeiweiß wie manches Tierfutter aus dem Supermarkt.

Des Weiteren wurde dieses Futter aus der Tierklinik für therapeutische Zwecke entwickelt, für Muttertiere, die trächtig sind oder säugen, nach operativen Eingriffen, Unterernährung oder Krebs.

Es gibt besondere Diäten zur Unterstützung der Zahnhygiene und Hundekekse zur Plaquerückbildung.

Selbst zubereitetes Futter

Wenn Sie vorhaben, Ihren Hund hauptsächlich mit selbst zubereitetem Futter zu ernähren, beachten Sie bitte, dass Sie Mischung und Mengenverhältnis von Nährstoffen einhalten. Beliebt bei Hund und Halter sind mageres Hackfleisch oder preiswerte Fleischsorten, die zusammen mit verschiedenem Gemüse und Reis oder Nudeln im Dampfkochtopf gekocht werden. Dies kann gleich in größeren Mengen vorbereitet und portionsweise eingefroren werden. Sie können Ihrem Hund einen Hundekeks zum Frühstück und abends die Fleischmahlzeit füttern.

Beim Kochen werden so manche Vitamine zerstört und zu langes Kochen reduziert den Nährwert einer Mahlzeit beträchtlich. Sie müssen daher die entsprechenden Vitamine zusetzen, wie es seriöse Markenfutterhersteller tun. Zusätze enthalten meist Kalziumkarbonat oder Knochenmehl (für eine ausgewogene Mischung aus Phosphor und Kalzium), Jod, Vitamin A und Vitamin D. Gute Zusatzpräparate auch auf Kräuterbasis gibt es in Tierhandlungen oder Tierkliniken. Besser wäre, wenn Sie vor der Anwendung mit Ihrem Tierarzt sprechen. Manchmal können Nahrungsergänzungen notwendig werden wie z. B. bei Stress oder Krankheit – fragen Sie Ihren Tierarzt.

Vorsicht:

Zu viele Vitamine und Mineralstoffe können Ihrem Hund ernsthaft schaden.

Die Inhaltsstoffe von selbst zubereitetem Futter müssen unbedingt die richtige Nährstoffart und -menge enthalten.

Selbst zubereitetes Futter bei normaler Belastung

Diese Angaben sind für einen gesunden Hund und beziehen sich nur auf normale Belastung. Natürliche Nährstoffmängel im Fleisch sollten ausgeglichen werden. Leber liefert Vitamin A, D, E und verschiedene B-Vitamine. Keimöl enthält Fettsäuren, Knochenmehl die richtige Menge an Phosphor und Kalzium. Jodsalz liefert Jod. Die Angaben sind auf einen Hund von 10 kg Gewicht abgestimmt und sollten dem Gewicht und Kalorienbedarf Ihres Hundes angepasst werden. Dieses Rezept basiert auf 750 kcal (3140 kJ) und kann mehrere Tage im Kühlschrank aufbewahrt werden. Doch auch Hunde mögen frisches Futter lieber als aufgewärmtes.

Zutaten:

Reis, braun oder weiß (trocken)	140 g
Fleisch (halbfett)	70 g
Leber	30 g
Knochenmehl	8 g
Jodsalz	3 g
Maiskeimöl	5 ml (1 TL)
Wasser	420 ml

Zubereitung:
Mischen Sie Reis und Wasser und kochen beides ca. 20 Min. Restliche Zutaten hinzugeben und weitere 10 Min. kochen. Eine fleischigere, schmackhaftere Kombination können Sie erzielen, wenn Sie die Reis- und Fleischangaben austauschen. Die Energiewerte bleiben gleich, doch die Eiweißzufuhr ist doppelt so hoch.

Zutaten für selbst zubereitetes Futter

Selbst wenn Sie vorhaben, Ihren Hund nur mit Fertigprodukten zu ernähren, überspringen Sie diese Seiten mit wichtigen Extras wie Eiern, Milch und Ölen nicht.

Fleisch und Innereien

Rotes und weißes Fleisch enthält Eiweiß, B-Vitamine, Fett und Energie, doch die richtige Menge hängt von Fleischart und -stück ab. Fleisch und Innereien mangelt es beträchtlich an Kalzium und etwas an Phosphor und die Mengenverhältnisse sind sehr ungleich wie z. B. 10 : 1 bei Hase und Ochsenherz, 30 : 1 bei Kalb und 360 : 1 bei frischer Leber. Hunde brauchen Phosphor und Kalzium in einem Mengenverhältnis von 1 : 1,3. Außerdem mangelt es bei Fleisch an Vitamin A und D, Jod, Kupfer, Eisen, Magnesium und Natrium. Rohes Fleisch hat den höchsten Nährstoffgehalt. Je nachdem, wo es herkommt, muss es jedoch gekocht werden. Um Bandwürmer zu vermeiden, fordern manche Länder, dass Schaf- und

Fisch, Fleisch und Innereien haben einen hohen Nährwert und bringen Abwechslung in den Speiseplan Ihres Hundes.

Ziegenfleisch (oder rohe Innereien) gekocht oder tiefgefroren sein müssen. Der Kochvorgang zerstört die meisten B-Vitamine. Leber liefert wertvolles Eiweiß, Fett und die Vitamine A, D und E. Zu viel Vitamin A kann zu abnormalem Knochenwachstum führen, doch Kochen reduziert den Vitamin-A-Anteil. Der Anteil an Leber sollte nicht mehr als 15 Prozent betragen.

Huhn wird besser verdaut als rotes Fleisch. Manche Hunde sind allergisch gegen rotes Fleisch und bekommen Hautreizungen.

Fleischsorte	Eiweiß ca. %	Fett ca. %	Energie kcal/100g
Rind	20	4,5	122
Huhn	20	4,5	122
Lamm	20	8,8	162

Fisch

Es gibt zweierlei Fischsorten: weiße Sorten – sie haben etwa dieselben Nährstoffe wie mageres Fleisch – und ölige Sorten – sie enthalten viel Vitamin A und D. Alle Fischsorten enthalten gutes Eiweiß und Jod, doch mangelt es an Kalzium, Phosphor, Kupfer, Eisen, Magnesium und Natrium. Füttern Sie Ihrem Hund nicht zu viel rohen Fisch. Er enthält Thiaminase, ein Enzym, das Thiamin (Vitamin-B-Gruppe) zerstört. Füttern Sie niemals Fischköpfe oder -Innereien. Kochen Sie Fisch immer. Fisch mit hohem Fettgehalt (Thunfisch) enthält sehr viele ungesättigte Fettsäuren und kann schmerzende Entzündungen des Unterhautfettgewebes hervorrufen (Steatitis). Fischknochen sollten nur gefüttert werden, wenn sie vorher im Mixer püriert wurden. Fisch aus dem Dampftopf ist vom Nährstoffgehalt her ausgewogener als Fleisch.

Die „Nahrungskette“: der Verdauungsprozess eines Hundes

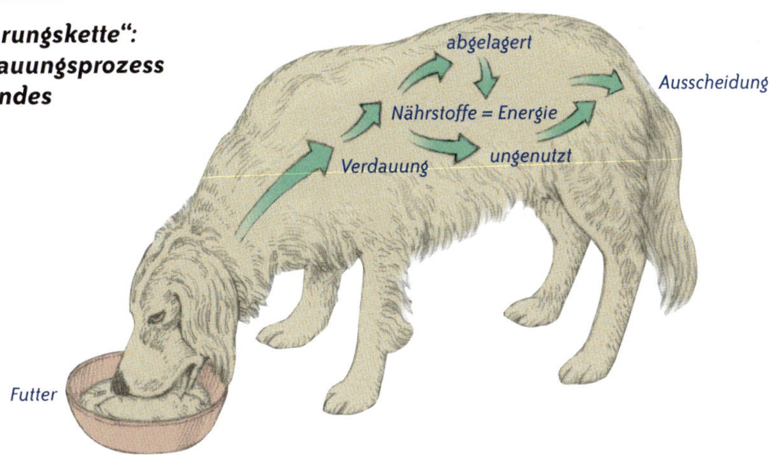

Eier

Eier enthalten Eisen, Eiweiß, fast alle Vitamine (außer Vitamin C) und Kohlenhydrate. Sie werden am besten roh gefüttert. Zu viel kann jedoch schaden, da das Eiweiß Avidin enthält, welches das B-Vitamin Biotin reduziert (wichtig für Haut, Haare und Muskelfunktion). Füttern Sie einem Hund von 30 kg nie mehr als zwei Eier pro Woche. Wenn Sie nur Eigelb füttern, kann die Ration auf vier Eier pro Woche erhöht werden. Bei harten Eiern ist das Avidin reduziert, jedoch auch der Nährwert.

Milch und Käse

Milchprodukte haben einen hohen Eiweißgehalt, Fett, Kohlenhydrate, Kalzium, Phosphor, Vitamin A und B. Milch enthält wertvolles Eiweiß für Welpen, doch nicht alle Hunde trinken Milch. Sie enthält Laktose, die mit zunehmendem Alter schlechter verdaut wird. Milch muss in kleinen Mengen gefüttert werden, sonst kann sie zu Durchfall führen. Manche ausgewachsenen Hunde haben eine Laktoseallergie und bekommen trockene, juckende Haut. Käse liefert wertvolles Tiereiweiß und die meisten Hunde mögen ihn gerne. Er enthält keine Laktose und kann daher bei Laktoseunverträglichkeit gefüttert werden, ebenso nicht pasteurisierter Joghurt.

Fette und Öle

Fett ist eine gute Trägersubstanz für fettlösliche Vitamine (A, D, E und K). Es enthält Fettsäuren wie z. B. Linolsäure für gesunde Haut und gesundes Fell. Ein Mangel kann zu juckender, schuppiger Haut führen. Fett wird fast vollständig verdaut und macht das Futter schmackhaft. Gemüse- und Fischfette haben mehr Nährstoffe als Tierfette. Es können kleine Mengen Lebertran gegeben werden (20 Tropfen pro 10 kg Körpergewicht/Tag). Zu viel kann jedoch eine Entzündung des Unterhautfettgewebes hervorrufen. Geben Sie Ihrem Hund niemals schon verwendetes Öl. Es enthält giftige Peroxyde.

Gemüse

Hunde können wie Katzen Vitamin C synthetisch bilden und es muss nicht mit der Nahrung zugeführt werden. Gemüse liefert viele B-Vitamine, doch zu langes Kochen zerstört sie. Wie bei Menschen soll Gemüse nur in etwas Wasser leicht gedünstet werden. Das Kochwasser kann dem Futter beigemengt werden. Wurzelgemüse hat viel Vitamin A und ist besser verdaulich, wenn es gekocht wird. Erbsen und Bohnen enthalten Eiweiß, Energie und B-Vitamine, ganz besonders Sojabohnen. Der einzige Nachteil von Bohnen ist, dass sie Blähungen verursachen. Blähungen können auch von anderen Nahrungsmitteln wie z. B. Milch und Milchprodukten, eiweißhaltigem Futter, Kartoffeln, Kohl und Zwiebeln usw. hervorgerufen werden.

Getreide

Getreide liefert Kohlenhydrate, etwas Eiweiß, Mineralstoffe und Vitamine. Es fehlen Fett und wichtige Fettsäuren sowie die Vitamine A, D und E. Weizenkeime enthalten Thiamin und Vitamin E.

Hefe

Sie enthält B-Vitamine, einige wichtige Mineralstoffe und ist gut für ältere Hunde. Selbst größere Mengen sind ungefährlich.

Ballaststoffe

Ballaststoffe aus Gemüse sollten etwa 5 Prozent der Nahrung ausmachen (in Trockenmasse). Auf ballaststoffreiches Futter (10–15 Prozent) sollte besonders bei Fettleibigkeit oder Diabetes geachtet werden, da es die Glukoseaufnahme, das Endprodukt der Kohlenhydratverdauung, verlangsamt.

Knochen

Sie enthalten 30 Prozent Kalzium und 5 Prozent Phosphor, Magnesium sowie einige Proteine. Sie sind arm an Fett, Fettsäuren und Vitaminen. Knochenmehl hat eine ähnliche Zusammensetzung. Zu viele Knochen führen zu hartem, hellem Stuhl und können Verstopfung hervorrufen.

Füttern Sie keine Hühnchen- oder Kotelettknochen, da sie splittern. Fischknochen nur füttern, wenn sie im Dampfkochtopf weich gekocht und im Mixer püriert wurden.

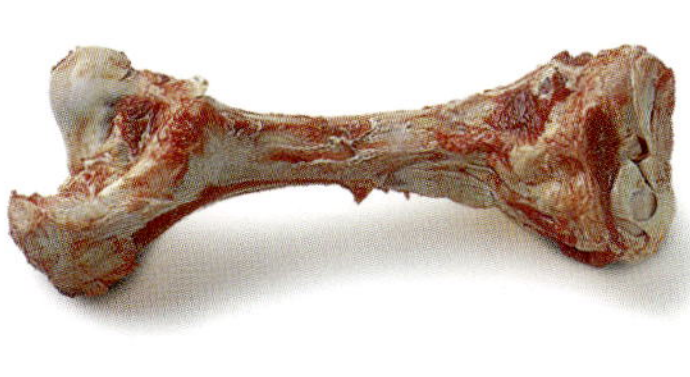

Wasser

Klares sauberes Wasser ist wichtig und sollte immer verfügbar sein. Der tägliche Wasserbedarf liegt bei etwa 40 ml pro kg Körpergewicht. Der Wasserkonsum hängt ab vom Klima und der Futterart, die Ihr Hund bekommt. Je mehr Trockenfutter Sie ihm geben, desto mehr Wasser braucht er. Bei Durchfall, Diabetes und Nierenerkrankungen benötigt er ebenfalls mehr Wasser.

Füttern Ihres Hundes

Legen Sie einen Futterbereich fest, der leicht sauber zu halten ist. Der Futternapf sollte aus Stahl, Keramik oder Plastik sein und nach jeder Mahlzeit gesäubert werden. Dosenfutter, das nicht gefressen wurde, bitte wegwerfen, halbfeuchtes Futter kann mehrere Stunden, Trockenfutter den ganzen Tag über offen stehen gelassen werden.

Selbst wenn Sie Ihren Hund mit Fertigfutter füttern, können Sie mit Eiern, Fisch, Käse, Fett und Gemüse die Mahlzeiten Ihres Hundes mit Nährstoffen anreichern.

Füttern Ihres Welpen

Die Milch des Muttertieres ist eiweiß- und fettreich und während der ersten Wochen nach der Entwöhnung sollte das Futter entsprechend sein. Ein Hund im Wachstum braucht bis zu dreimal so viel Energie pro Kilogramm Gewicht wie ein ausgewachsener Hund, doch er kann nicht viel auf einmal aufnehmen und muss daher mehrere Male am Tag gefüttert werden. Der Fachhandel bietet spezielle Welpennahrung auf Getreide- oder Fleischbasis, was eher zu empfehlen ist als selbst zubereitetes Futter. Ein junger Hund kann auch Milch bekommen. Ein Welpe zwischen acht und zwölf Wochen sollte viermal am Tag gefüttert werden. Fertignahrung und selbst zubereitetes Futter nicht mischen, da es zu Unverträglichkeiten kommen könnte.

Im Alter zwischen drei und sechs Monaten reichen drei Mahlzeiten. Wenn Ihr Welpe Durchfall bekommt, kann dies an der Laktose in der Milch liegen. Zwischen sechs und zwölf Monaten benötigt er noch zwei Mahlzeiten am Tag. Wenn Sie seine Nahrung umstellen möchten, tun Sie dies langsam. Am ersten Tag 25 Prozent, am zweiten 50 Prozent usw.

Füttern Ihres ausgewachsenen Hundes

Die meisten ausgewachsenen Hunde leben in gemäßigten Verhältnissen. Sie müssen nicht arbeiten und sind nicht trächtig. Sie fressen ihre tägliche Ration gerne als eine Mahlzeit, die am besten am späten Nachmittag oder frühen Abend gefüttert werden sollte, nachdem sie in Bewegung waren. Die meisten Hunde setzen Harn und Kot ein bis zwei Stunden nach der Mahlzeit ab. Spätes Füttern kann daher zu Problemen führen. Große Hunde wie die Deutsche Dogge oder der Irish Wolfshound können Gase entwickeln, wenn sie ihre Mahlzeit auf einmal fressen. Besser ist es, ihr Fressen auf zweimal aufzuteilen. Bei zwei Hunden stellen Sie das Fressen besser an getrennten Stellen auf, damit der dominante Hund dem anderen nichts wegfrisst.

Gesunde Welpen im Wachstum fressen ihr Futter mit Freude. Danach rollen sie sich meist zusammen und schlafen ein.

Wie viel sollte Ihr Hund fressen?

Ihr Hund sollte so viel bekommen, dass sein Energiebedarf gedeckt ist, jedoch nicht mehr, sonst wird er zu schwer. Sein Energiebedarf hängt von Aktivität und Stoffwechsel ab, wächst jedoch nicht proportional zu seiner Größe. Je größer ein Hund ist, desto weniger Energie benötigt er pro Kilogramm Körpergewicht. Ein Chihuahua mit 2 kg benötigt z. B. 230 kcal (963 kJ) pro Tag, während ein Labrador Retriever mit 30 kg (15-mal mehr Gewicht) nur 1700 kcal (7116 kJ), also siebenmal mehr Energie, benötigt. Wenn Ihr Hund wachsam und aktiv ist, gesunde Haut und ein glänzendes Fell hat und sein Gewicht hält, können Sie davon ausgehen, dass er die richtige Ernährung erhält. Wenn seine Haut schuppig ist und er übermäßig Haar verliert, wenn er über- oder untergewichtig ist, lustlos und desinteressiert, sprechen Sie mit Ihrem Tierarzt. Tasten Sie Ihrem Hund über Rippen und Wirbelsäule, um zu fühlen, ob er zu fett ist.

Geben Sie Ihrem Hund keine Reste als Zwischenmahlzeiten. Heben Sie sie auf und machen Sie eine Mahlzeit daraus oder verwenden Sie sie als Belohnung. Vergessen Sie nicht, dass kleine Leckerbissen zusätzliche Kalorien bedeuten.

Vorsicht:

Überfütterung und zu schnelles Wachstum können zu Hüftgelenksdysplasie führen. Besondere Vorsicht ist bei großen Rassen geboten, denn sie wachsen vergleichsweise langsamer. Es ist erwiesen, dass zu viel Futter und Nahrungsergänzungen lebensverkürzend wirken können.

Ernährungsprobleme

Diese sollte es nicht geben, wenn Sie Ihrem Hund eine ausgewogene Ernährung bieten.

Ernährungsprobleme entstehen:

- bei falscher Ernährung
- wenn aus Krankheitsgründen Nährstoffe nicht richtig aufgenommen werden können
- bei Anorexia aus verschiedenen Gründen
- bei Nahrungsmangel, der zu Schlappheit, Gewichtsverlust und schließlich Verhungern führt
- bei Überfütterung, die zu Fettleibigkeit und damit zu Gesundheitsproblemen führt

Ein gesunder, richtig gefütterter Hund hat ein glänzendes Fell und ist aufmerksam, aktiv und voller Energie – so mancher gestresste und erschöpfte Hundehalter wird dabei neidisch.

Gefahr: Gift

Sicherheit in Haus und Garten ist für Ihren Hund genauso wichtig wie für Kinder. Viele Pflanzen sowie Substanzen, die wir in Garten, Garage und Schuppen verwenden, können giftig sein für Ihren Hund. Besonders ein Welpe, der auf Entdeckungsreise geht, ist in Gefahr. Alles, was für ihn eine potenzielle Gefahr bedeutet, muss weggeschlossen werden. Flüssigkeiten, die giftige Dämpfe verursachen, sollten nur in gut gelüfteter Umgebung verwendet und verstaut werden.

Vergiftungssymptome

Es besteht die Möglichkeit, dass Ihr Hund eine Vergiftung hat, wenn er:

- weint
- schwer keucht
- sabbert oder Schaum vor dem Mund hat
- unter starken Bauchschmerzen leidet
- Anzeichen von Schock zeigt
- kollabiert oder in ein Koma fällt
- plötzlich spuckt und/oder starken Durchfall hat (öfter als zwei- oder dreimal/Std.)
- deprimiert ist
- zittert, unkoordiniert ist, schwankt oder sich krümmt
- Anzeichen von einer allergischen Reaktion zeigt (Schwellung im Gesicht oder roter Ausschlag am Bauch)

Was tun?

- Die Zeit drängt!
- Versuchen Sie, das Gift zu identifizieren.
- Führen Sie die empfohlenen Notfallmaßnahmen wie nachstehend beschrieben durch.
- Rufen Sie Ihren Tierarzt sofort an und bringen Sie Ihren Hund in die Praxis.
- Wenn Sie eine giftige oder nicht identifizierbare Substanz bei Ihrem Hund finden, nehmen Sie die Packung mit. Auf dem Etikett sollte das Gegenmittel oder die Sofortbehandlung genannt sein.
- Wenn Ihr Hund erbrochen hat, füllen Sie etwas davon in einen sauberen Behälter und nehmen Sie es mit.

Notfallmaßnahmen

Bei korrosiven Giften (stark säurehaltig oder alkalisch), oder wenn Sie nicht sicher sind, woran es liegt:

- Kein Erbrechen induzieren!
- Wenn Ihr Hund bei Bewusstsein ist, spülen Sie Maul und Schnauze mit viel Wasser und geben Sie ihm einen Esslöffel Olivenöl oder rohes Eiweiß.
- Bringen Sie ihn sofort zum Tierarzt.

Wenn die Substanz nicht korrosiv ist oder es sich um ein Neurotoxin handelt (z. B. Schneckengift):

- Wenn Ihr Hund bei Bewusstsein ist und nicht erbrochen hat, induzieren Sie Erbrechen.
- Geben Sie etwas Erbrochenes in einen sauberen Behälter.
- Bringen Sie Ihren Hund und den Behälter zum Tierarzt.

Um Erbrechen zu induzieren:

- Stecken Sie dem Hund zwei große Stücke Bleichsoda (Natriumkarbonat) tief in den Hals.
- Geben Sie ihm einen gehäuften Teelöffel Tafelsalz aufgelöst in warmem Wasser.
- Verabreichen Sie ihm einen Esslöffel Senfpulver in einer Tasse warmem Wasser. Wiederholen Sie dies, bis Ihr Hund erbricht.

Gegenmittel für Notfälle

- Zur Absorbierung giftiger Substanzen: bis zu sechs Kohletabletten, siehe Beipackzettel, oder zwei bis drei Esslöffel des Pulvers aufgelöst in einer Tasse warmem Wasser.
- Zum Schutz der Magenschleimhaut: ein Esslöffel rohes Eiweiß oder Olivenöl.
- Säure: ein Teelöffel Backpulver in gleicher Menge Wasser.
- Alkalische Substanzen: einige Teelöffel Essig oder Zitronensaft in gleicher Menge Wasser.

Das Verhalten des Hundes verstehen

Obwohl Hunde in Harmonie mit Menschen leben können und eine ähnliche soziale Struktur haben, ist ihr Territorialverhalten ein anderes. Wenn Sie verstehen, wie ein Hund sein Revier betrachtet, werden Sie auch sein Verhalten besser verstehen.

Das Sozialsystem des Hundes

Es ist allgemein anerkannt, dass sich das Verhalten des Haushundes vom Wolf ableitet. Wölfe leben in Rudeln, die sich oftmals aus Eltern und deren Nachkommen zusammensetzen. Das „Alpha"-(dominante)Paar macht seine Dominanz durch Dominanzverhalten klar: z. B. durch direktes Anstarren eines anderen, Anknurren oder steifes vor dem anderen Stehen mit gesträubtem Fell. Untergeordnete Wölfe möchten einen Konflikt vermeiden, indem sie untergeordnetes Verhalten zeigen wie z. B. sich auf die Seite rollen und ihre ungeschützten Körperteile zeigen. Oftmals urinieren sie dabei. Männliche und weibliche Wölfe haben ihre eigene Hierarchie – der Alpha-Mann paart sich immer mit einer Alpha-Frau.

Hunde und Katzen können lernen, sich gegenseitig zu respektieren, wenn sie sich als Jungtiere kennenlernen.

Diese Hierarchie ist „pyramidal" – die Rangunterschiede sind am offensichtlichsten zwischen hochrangigen Individuen, weniger dagegen in den unteren Rängen. Die Alpha-Wölfin ist anderen weiblichen Tieren gegenüber hoch aggressiv, vor allem während der Deckungszeit und Aufzucht der Jungen. Der Alpha-Rüde ist sehr aggressiv gegenüber Eindringlingen, aber nicht gegenüber anderen Rudelmitgliedern. Sein Status wird akzeptiert und respektiert.

Der Unterschied zum „Beta"-Rüden ist klar ersichtlich – er ist oftmals das aggressivste Tier im Rudel. Meist ist seine Aggression gegen den Alpha-Rüden gerichtet – wenn dieser älter und schwächer wird, übernimmt der Beta-Rüde das Kommando. Wölfe kooperieren bei der Jagd, doch der dominante Wolf frisst zuerst.

Die Jungen des Alpha-Paares werden vom Rudel aufgezogen. Die anderen Paare zeugen keine Nachkommen, was die Überlebenschancen der Jungen weitgehend erhöht.

Haushunde unterscheiden sich bis zu einem gewissen Grad von diesem Muster. Hunderudel bilden Hierarchien, doch der Dominanzhinweis ist oft weniger auffällig. Das mag daran liegen, dass sich Gesicht und Körpermerkmale von manchen modernen Hunderassen nicht mehr so verändern lassen, dass sie ihr Verhalten ausdrücken könnten – z. B. Rassen mit kurzem Gesicht und Stummelschwanz.

Hunde von heute bellen eher, vielleicht aufgrund des menschlichen Selektionsverfahrens, Hunde auszuwählen, die anschlagen, wenn sich ein Eindringling nähert.

Behalten Sie eine aufrechte Haltung, wenn Sie mit Ihrem Hund spielen. Wenn Sie ihm erlauben, über Ihnen zu stehen, könnte er dies als Unterwerfung interpretieren.

Genau wie Wölfe zeigen Hunde von niedererem Rang Unterwerfungsgebaren wie Einziehen des Schwanzes, zur Seite rollen und ungeschützte Körperteile zeigen.

Das Verhältnis zwischen Hund und Mensch

Zwischen Hund und Mensch kann ein inniges Verhältnis entstehen, möglicherweise aufgrund ähnlicher sozialer Strukturen. Das soziale Gefüge bei Menschen besteht aus Leitfiguren und Anhängern. Diese Ordnung wird aufgrund des Respekts des Rangniedrigeren gegenüber dem Mächtigeren oder Fähigeren aufrechterhalten. Dasselbe gilt bei Hunden. Hunde, die bei Menschen leben, neigen dazu, diese als Mitglieder eines Rudels zu betrachten. Sie erkennen Dominanz und Unterordnung. Deshalb ist es wichtig für Ihren Hund, dass er weiß, wo er steht. Nach Möglichkeit sollten alle Familienmitglieder ranghöher sein als Ihr Hund. Dies wird normalerweise erreicht, wenn Sie Ihrem Hund Respekt abverlangen. Familienmitglieder sollten manchmal auf dem Lager oder Lieblingsplatz des Hundes sitzen. Der Hund sollte von klein an wenigstens eine Mahlzeit nach der Familie erhalten. Dies entspricht der Rudelsituation, bei der dominante Tiere vor den untergeordneten fressen. Der Hund sollte als Letzter durch einen Türeingang gehen. Sie sollten bei Ihrem Hund immer eine aufrechte Haltung einnehmen, niemals auf dem Boden liegen und ihm erlauben, über Ihnen zu stehen. Dies würde vom Hund als Unterwerfungsgebaren interpretiert werden und könnte später zu aggressivem Verhalten führen, wenn Sie Ihren Hund dominieren möchten. Welpen, die nie klare Richtlinien im Haushalt bekommen haben, neigen dazu, mit etwa 18 Monaten aggressiv zu werden. In diesem Alter haben sie die soziale Reife erreicht, genau wie Teenager, die durch ihr Verhalten das Feedback testen.

Die Duftwelt Ihres Hundes

Von allen Haustieren hat der Hund den feinsten Geruchssinn. Seine Geruchsnerven liegen in den sensorischen Membranen des stark gefalteten Naseninneren, die mit etwa 150 cm^2 Oberfläche ca. 30-mal größer sind als bei Menschen. Auch die Anzahl seiner Riechzellen ist weit höher. Je nach Rasse kann ein Hund bis zu 230 Millionen Riechzellen haben. Der Mensch dagegen hat nur 5 Millionen. Deshalb kann der Hund Geruchsstoffe erschnuppern, die ein Millionstel der Konzentration betragen, die Sie riechen können. Wenn Sie mit Ihrem Hund hinausgehen, läuft er durch eine Welt von Düften, die so fein sind, dass Sie diese gar nicht bemerken. Hunde haben auch ein weit größeres Geruchsspektrum. Ein Mensch kann im Durchschnitt etwa 1000 Düfte unterscheiden, ein Experte vielleicht 4000. Ein Hund dagegen viel mehr. Der Geruchssinn eines Hundes variiert nach Rasse. Bloodhounds haben von allen die besten Nasen. Von einem Tier ist bekannt, dass es den Fußgeruch eines Mannes durch die Ledersohlen von dessen Stiefeln nach über vier Tagen noch aufgespürt hat.

In der geruchsorientierten Welt des Hundes enthält der Duft des Urins wichtige Nachrichten. Der Hund uriniert an der Stelle, die auch schon sein Vorgänger wählte, um sein Zeichen zu hinterlassen.

Illegale Drogen zu erschnüffeln ist nur eine Art, wie der Mensch den Geruchssinn des Hundes nutzt. Spürhunde können helfen, Erdbeben- und Lawinenopfer zu finden.

Geruchsstoffe sind ein wichtiges Kommunikationsmittel für den Hund. Er hat Drüsen in der Kopf-, Nacken- und Lendengegend, die bestimmte Geruchsstoffe absondern. Deshalb beschnuppern sich Hunde auch an diesen Stellen, wenn sie zusammenkommen. Zwei der wichtigsten Drüsen liegen links und rechts vom Anus. Sie produzieren eine stark riechende Substanz. Hundekot ist damit überzogen und hinterlässt ein ziemlich lange anhaltendes olfaktorisches Signal für andere Hunde. Jeder Hund hat seinen individuellen Geruch. Wenn Ihr Hund auf der Straße am Kot seiner Artgenossen herumschnüffelt, lernt er dabei über deren sozialen Status und wann sich wer dort erleichtert hat. Harn teilt ihm ebenso mit, wer wann vorbeigekommen ist, ob es eine läufige Hündin war usw.

Die Geruchsorgane des Hundes

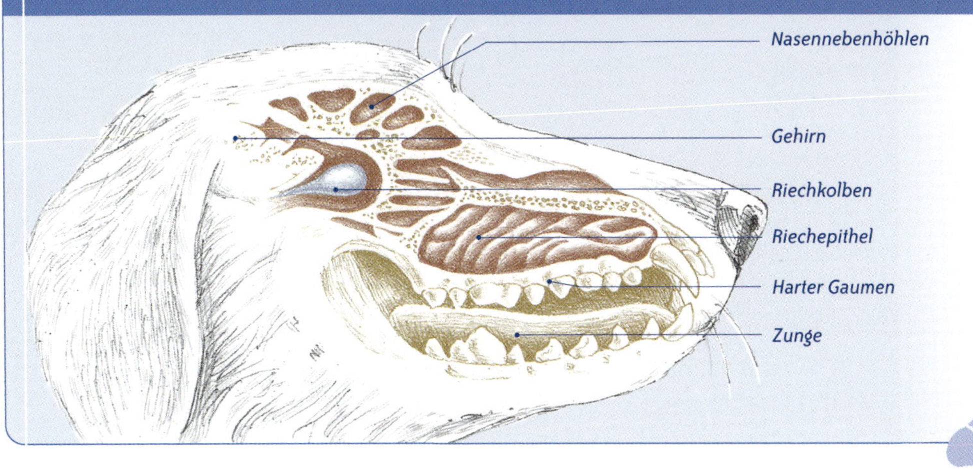

Für das Frisbee Ihres Hundes müssen Sie keine besondere Farbe wählen. Farbtöne werden nicht wirklich unterschieden, Bewegung dagegen schon.

Das Sehvermögen Ihres Hundes

Das Sehvermögen Ihres Hundes bildet sich etwa mit vier Monaten aus. Davor können viele Objekte verschwommen erscheinen. Binokuläres Sehen ist beim Hund geringer als beim Menschen (ca. 35° weniger), variiert jedoch nach Rasse, je nachdem, wo die Augen liegen. Dafür haben sie ein weit größeres peripheres Sichtfeld als der Mensch (ca. 70° mehr). Sie bemerken daher feinste Bewegungen, die für den Menschen verzehnfacht werden müssten, damit er sie überhaupt wahrnimmt.

Visuelle Signale sind wichtig für einen Hund: Haltung, Position von Ohren und Rute, Bewegung und Haarmuster teilen ihm Stimmung und Intention mit. Ein Hund reagiert auf winzigste Veränderungen in der Körpersprache, die Sie nicht bemerken. Darum knurrt er vielleicht, wenn sich ein Fremder nähert. Seine Körpersprache mag Ihnen normal vorkommen, Ihrem Hund erscheint sie vielleicht bedrohlich.

Farben erkennt ein Hund nur rudimentär. Verschiedene Farbtöne kann er nicht gut unterscheiden.

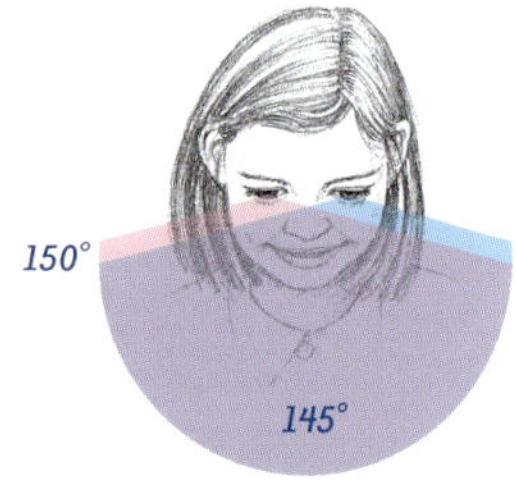

Das Sichtfeld des Menschen beträgt 150° – mit 145° binokulärer Überlappung.

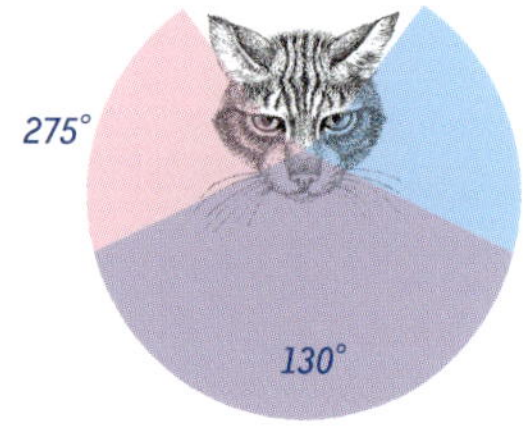

Das Sichtfeld der Katze beträgt 275° – mit 130° binokulärer Überlappung.

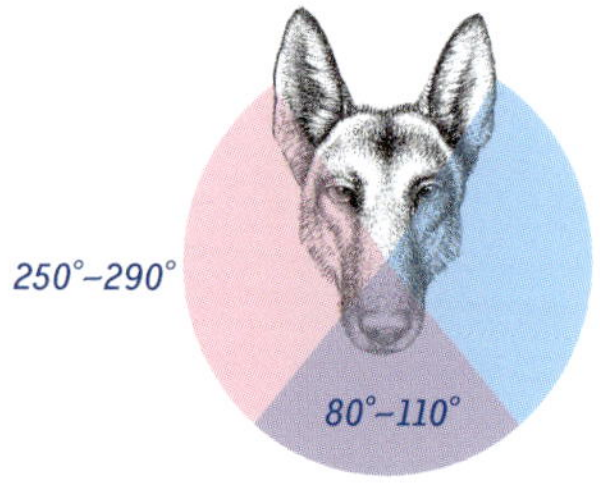

Das gesamte Sichtfeld des Hundes beträgt 250–290°, mit 80–110° binokulärer Überlappung – viel weniger als bei Menschen.

Das Gehör Ihres Hundes

Die Kommunikation über Laute ist sehr wichtig für Ihren Hund, besonders dann, wenn die Sicht behindert ist wie z. B. im Unterholz. Hunde setzen je nach Situation ein großes Spektrum von Lauten ein: Winseln, Bellen, Knurren, Heulen und Schnauben.

Im Vergleich zu Menschen hören Hunde wesentlich besser. Töne werden durch Schallwellen übertragen, ihre Frequenz wird in Hertz (Hz) gemessen. Je höher ein Ton, desto höher seine Frequenz. Der Frequenzbereich eines Menschen liegt durchschnittlich zwischen 20 und 20 000 Hz, beim Hund zwischen 20 und 65 000 Hz. Seine höchste Sensibilität liegt im Bereich von 500 bis 16 000 Hz. Wenn Hunde (und Katzen) Lärm von Staubsaugern oder Zweitaktmotoren scheuen, könnte es daran liegen, dass diese Geräte besonders hohe Tonlagen haben, die vom menschlichen Ohr nicht wahrgenommen werden.

Lautstärke wird in Dezibel (dB) gemessen – der Lärmpegel eines Menschen beginnt bei null und die Schwelle, an der Lärm für ihn schmerzhaft wird, liegt bei 120 dB.

Das Gehör von Hunden ist viel schärfer. Ein Geräusch, das für den Menschen gerade aus 6 m Entfernung hörbar ist, wird von einem Hund bereits bei 25 m Entfernung wahrgenommen. Das scharfe Gehör des Hundes macht ihn zu einem ausgezeichneten Wachhund. Auch Befehle kann er aus großer Entfernung hören.

Das ausgezeichnete Hörvermögen mag der Grund sein, warum Hunde aus für uns unerfindlichen Gründen bellen. Hunde reagieren sensibel auf Tonlagen. Auf eine ruhige, positive Tonlage reagieren sie am besten. Loben Sie ihn mit sanfter Stimme. Befehle oder Korrekturen sollten mit barscher, lauter Stimme erteilt werden. Lob oder Befehl sollte immer in kurzen, klaren Worten ausgedrückt werden (Seiten 72–85, Trainieren Ihres Hundes).

Die Wirkung von Lauten wird jedoch vermindert, wenn Sie Ihren Hund gleichzeitig berühren, da der physische Kontakt immer Vorrang vor einem gehörten Befehl hat. Streicheln Sie Ihren Hund also nicht, wenn Sie ihm einen Befehl erteilen.

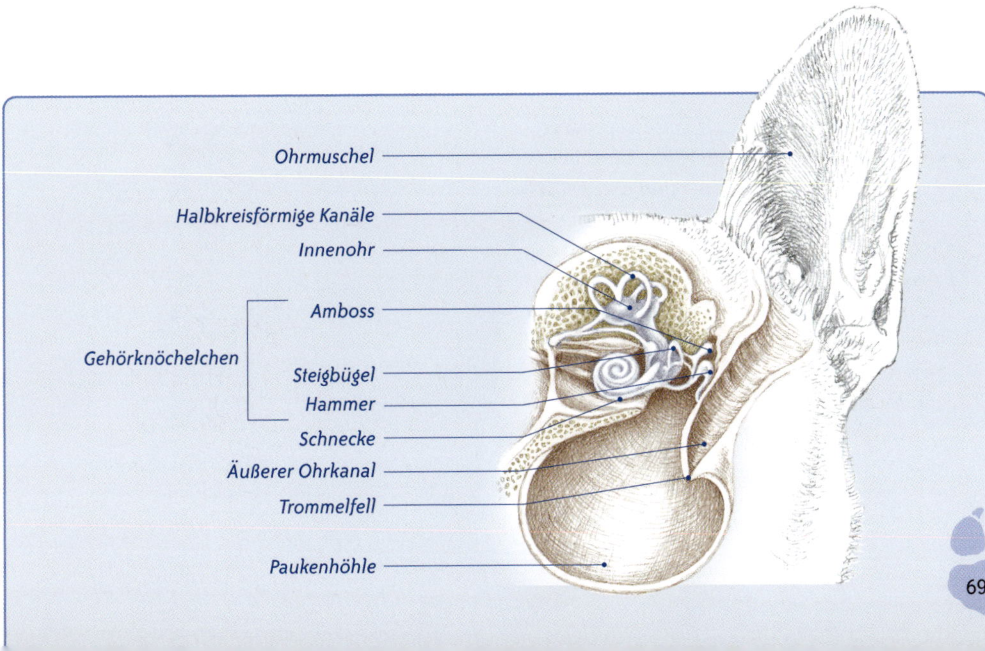

Hunde wie der deutsche Schäferhund haben ein so scharfes Gehör, dass sie schwache Geräusche schon aus 25 m Entfernung wahrnehmen können.

Das Gehirn

Das Gehirn eines Hundes ist das Kontrollzentrum und als solches verantwortlich für sein Verhalten. Der wichtigste Teil des Gehirns, der sein Verhalten steuert, ist das lymbische System. Es besteht aus Hirnstamm und präfrontalem Cortex und stellt den gesamten Schaltkreis dar, der emotionales Verhalten und Motivationsantrieb kontrolliert.

Folgende Gehirnteile kontrollieren das Verhalten Ihres Hundes:

- Amygdala: Kontrollzentrum für emotionale Bewertung und Wiedererkennung von sozialen Situationen
- Gehirnwindung: Riech- und Sehvermögen, Schmerz, Aggression und Motivation
- Hippocampus: Langzeitgedächtnis und dreidimensionale Wahrnehmung
- Hypothalamus: Kampf-/Flucht-Situation, Sexualverhalten, Appetit, Durst, Lust und Wut
- Locus coereleus: Angst und Erregung
- Neocortex: Erinnerungsvermögen
- Riechkolben: sensorische Verarbeitung (Duft ruft bekanntlich Erinnerungen hervor)
- Raphe nuclei: Zusammen mit Locus coereleus kontrollieren diese Laune und Emotion, Schlaf-/Wach-Zyklus.
- Thalamus: wichtige Schaltstelle für sexuelle Orientierung, Analyse emotionaler und physischer Gefahren

Neurotransmitter sind chemische Trägersubstanzen, die das Verhalten beeinflussen. Verschiedene Gehirnregionen enthalten Rezeptoren. Sie enthalten Serotonin, Gamma-Aminobuttersäure (GABA, wirkt hemmend), Acetylcholin und Dopamin (wirkt erregend). Manchen Tieren mangelt es an hemmenden Neurotransmittern. Sie benötigen Medikamente, die Verhaltensabnormitäten regulieren.

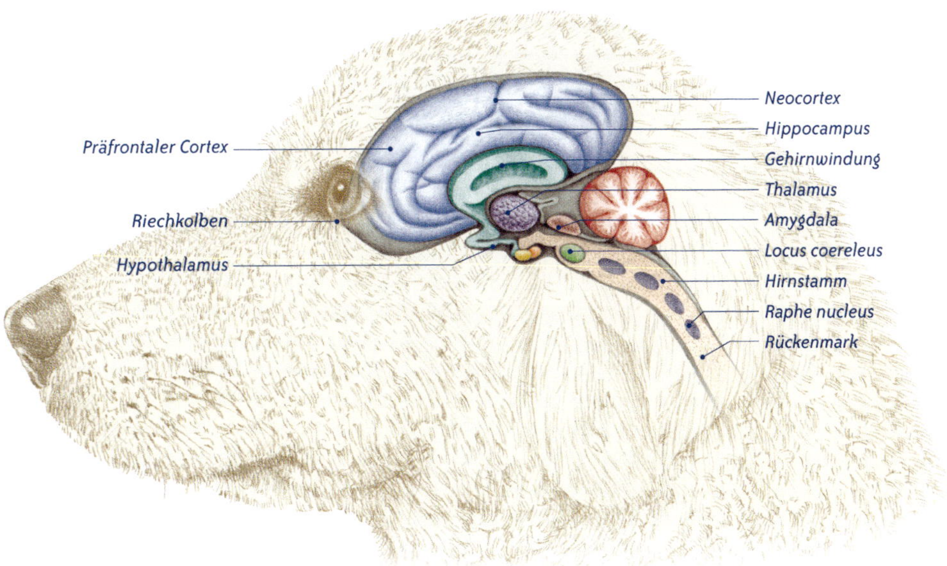

Trainieren des Hundes

Die meisten Hundehalter in spe träumen von ihrem Hund als perfektem Gefährten: gehorsam, ruhig und gut erzogen. Leider werden diese Träume manchmal zum Albtraum. Auf dem Spaziergang springt er mit schmutzigen Pfoten an Ihnen hoch, er rennt Katzen hinterher, rennt ältere Leute um und im Wagen veranstaltet er ein Chaos, wenn man ihn alleine lässt. Wie können Sie das vermeiden? Es gibt nur eine Antwort: Beginnen Sie mit dem Training Ihres Welpen von klein an.

Dieses Training sollte jedoch immer partnerschaftlich verlaufen. Nicht nur Ihr Hund braucht Training, Sie und Ihre Familie auch. Es ist nicht ratsam, dass nur einer in der Familie mit dem Hund umgehen kann. Ihr Hund muss alle Familienmitglieder als ranghöher respektieren, doch es kann sein, dass er einen als Rudelführer betrachtet.

Trainieren Sie Ihren Hund, indem Sie die Befehle kontinuierlich wiederholen. Es macht Freude, mit einem gehorsamen Hund spazieren zu gehen.

Welpenschule

Welpenschulen befinden sich meist in einem dafür eigens ausgestatteten Bereich einer Tierklinik. In sauberer Umgebung hilft man Ihnen, Ihren Welpen gefahrlos zu trainieren, sobald Sie ihn bekommen, meist im Alter von sieben oder acht Wochen. Es ist erwiesen, dass Welpen, die trainiert wurden, besser gehorchen und man leichter mit ihnen umgehen kann als mit Welpen ohne jegliches Training.

Besuchen Sie die Welpenschule mit Ihrem Kleinen so früh wie möglich und üben Sie zweimal am Tag zu Hause mit ihm, was er gelernt hat. Wenn das Welpentraining beendet ist, behalten Sie die Übungen bei. Währenddessen ist sein Impfprogramm beendet und Sie werden ihn sicherlich überall mit hinnehmen. Üben Sie regelmäßig auf Spaziergängen mit ihm. Wenn Sie möchten, dass Ihr Hund mehr lernt, erkundigen Sie sich nach Trainingszentren (Seite 82, Fortgeschrittenes Training).

Ein weiches Hundegeschirr und Leine für Welpen und junge Hunde

Grundbegriffe des Trainings

Welpenschulen bieten Basisprogramme. Doch vielleicht möchten Sie bereits zu Hause mit dem Training anfangen, bevor der Kurs beginnt. Ab acht Wochen lernen Welpen sehr schnell. Die meisten Welpen meistern die fünf einfachsten Hundekommandos: „Sitz", „Bleib", „Komm", „Platz" und „Fuß", bis sie drei Monate alt sind. Wenn Sie ihn mit einem Leckerbissen belohnen, lernt er am besten. Dünne Trockenleberstreifen eignen sich gut dafür. Sie sind im Fachhandel erhältlich. Wenn Ihrem Welpen das nicht schmeckt, dann vielleicht ein Stück Käse oder ein Hundekeks. Im Anfangsstadium ist es am besten, mit Leckerbissen zu arbeiten. Später können Sie ihm dies langsam abgewöhnen und er ist mit einem Lob zufrieden.

Eine Hundeleine für einen mittelgroßen Hund

Die wichtigsten Hundekommandos

Bringen Sie Ihrem Welpen die Kommandos vorzugsweise in der unten angeführten Reihenfolge bei. „Sitz" lernt er meist am schnellsten und „Komm" ist am schwierigsten. Am besten trainieren Sie Ihren Welpen an der Leine. Manche Welpen setzen sich oft nur halb. Drücken Sie ihm in diesem Fall mit der freien Hand behutsam auf die Schulter, bis er sitzt.

Sitz

Stellen Sie sich vor Ihren Welpen und halten Sie einen Leckerbissen über ihn, etwa auf Ohrenhöhe. Sagen Sie „Sitz". Um den Leckerbissen zu bekommen, muss er den Kopf zurücknehmen. Dabei setzt er sich meist von alleine. Sobald das klappt, geben Sie ihm den Leckerbissen und loben ihn. Falls Ihr Welpe nur rückwärts geht, stellen Sie ihn in eine Ecke, bevor Sie „Sitz" sagen. Meist klappt es schon nach einer Woche.

Bleib

Befehlen Sie ihm zu sitzen oder sich hinzulegen. Dann stellen Sie sich neben ihn und legen eine Hand flach vor sein Gesicht. Geben Sie das Kommando „Bleib", gehen Sie einen Schritt vorwärts, „Bleib", dann wieder rückwärts und loben Sie ihn.

Erhöhen Sie die Anzahl Ihrer Vorwärtsschritte langsam. Wenn er sich bewegt, sagen Sie „Nein". Bringen Sie ihn wieder in Position. Dann befehlen Sie ihm wieder „Bleib". Wenn Sie zwei bis drei Wochen lang täglich trainieren, sollte dies mühelos klappen.

Platz

Sagen Sie „Sitz" und belohnen Sie ihn , wenn er gehorcht. Danach halten Sie einen weiteren Leckerbissen zwischen seine Vorderläufe und unter seine Brust und sagen „Platz". Er verfolgt den Leckerbissen mit der Nase und legt sich hin. Wenn er dies tut, geben Sie ihm den Leckerbissen und loben Sie ihn.

Fuß

Wenn Ihr Welpe sitzt, ermutigen Sie ihn, zu Ihnen hoch zu sehen. Halten Sie dabei einen Leckerbissen in der Hand und reden Sie mit „interessanter" Stimme. (Sie fühlen sich dabei vielleicht etwas lächerlich.) Gehen Sie vorwärts und geben das Kommando „Fuß". Ermutigen Sie Ihren Welpen, Ihnen bei lockerer Leine zu folgen und Sie dabei anzusehen. Wenn er dies tut, belohnen Sie ihn, damit er merkt, dass er für das Laufen belohnt wird.

Wenn Sie anhalten und ihm die Belohnung geben, wird er Anhalten mit der Belohnung assoziieren und sich bald weigern zu laufen.

Komm

Üben Sie dieses Kommando oft, in verschiedenen Situationen. Vergessen Sie nie, eine Belohnung dabeizuhaben. Nennen Sie ihn beim Namen, gefolgt von dem Befehl „Komm", und belohnen Sie ihn mit einem Leckerbissen, wenn er tut, was er soll.

Wenn Ihr Welpe zu Ihnen kommt, geben Sie ihm das Gefühl, dass es das Highlight des Tages ist. Er muss es so toll finden, dass er alles andere vergisst. Führen Sie Ihren Welpen oder Hund immer an einer aus- und einrollbaren Leine. Niemals völlig frei draußen herumlaufen lassen, bis Sie ganz sicher sind, dass er zurückkommt. Das kann bis zu einem Jahr dauern. Dies ist eine der schwierigsten Übungen für einen Welpen.

Sitz:
Sagen Sie „Sitz". Bewegen Sie ihn dazu mit einer Belohnung, die Sie über Ohrenhöhe halten.

Platz:
Befehlen Sie ihm „Sitz". Dann belohnen. Danach Leckerbissen zwischen Vorderläufe und unter Brust halten. Kommando „Platz". Dann Leckerbissen geben.

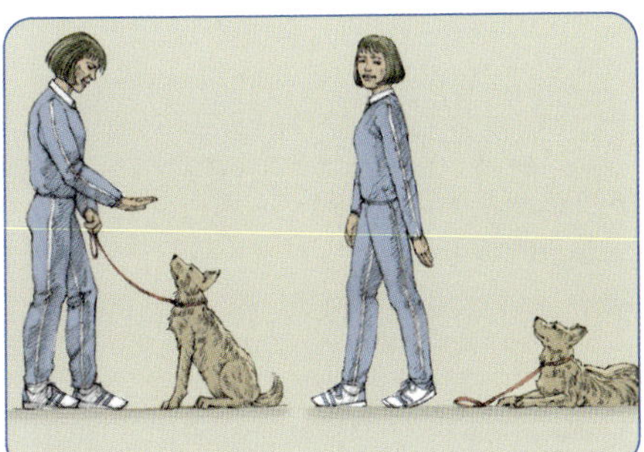

Bleib:
Sagen Sie „Sitz", dann „Bleib". Geben Sie ihm einen Leckerbissen und loben ihn. Wiederholen Sie das Kommando „Bleib", dann weggehen. Vorgang wiederholen.

Fuß:
Ermutigen Sie Ihren sitzenden Welpen, zu Ihnen hoch zu sehen, dabei Leckerbissen hochhalten. Dann losgehen und ihn ermutigen, zu folgen. Wiederholt befehlen „Fuß". Belohnen.

Das Kommando „Sitz" ist am einfachsten zu lernen und daher meist das Erste, was er lernt. Ein Welpe lernt gerne, wenn er positive Trainingserlebnisse hat. Mit drei Monaten sollte er auch das Kommando „Bleib" beherrschen.

Still

Manche Hunde neigen dazu, bei jeder Gelegenheit zu bellen. Sie müssen den Befehl „Still" lernen. Beginnen Sie, ihm dieses Kommando beizubringen, wenn er ruhig sitzt oder liegt. Loben Sie ihn und sagen „Still". Wiederholen Sie dies während des Tages. Wenn er etwas anbellt, rufen Sie ihn zu sich und befehlen Sie ihm zu sitzen, dann sagen Sie „Still". Belohnen Sie ihn, wenn er still ist.

Hol

Manche Rassen sind geborene Apportierhunde, während andere Hunde keinen Spaß daran haben. Wenn Ihr Welpe 12 Wochen alt ist, müssten Sie in der Lage sein, dies zu erkennen. Falls er gerne Dinge holt, wird es ihm Freude machen, wenn Sie einen Ball werfen und er ihn holen darf. Sie können seinen Apportiertrieb unterstützen, indem Sie ihm beibringen, einen Gegenstand auf Kommando zu holen und ihn wieder zurückzubringen. Beginnen Sie damit, indem Sie ein Spielzeug Ihres Welpen halten und einige Meter weit werfen. Gehen Sie mit Ihrem Welpen, holen Sie das Spielzeug, geben Sie es ihm und bringen Sie ihn zurück zum Start. Geben Sie das Kommando „Hol". Beginnen Sie das Training an der lockeren Leine, sodass Sie ihn kontrollieren können. Manche Welpen holen den Gegenstand, wollen ihn aber nicht mehr hergeben. In diesem Fall tauschen Sie den Gegenstand gegen einen Leckerbissen aus oder spielen Sie kurz mit einem seiner Lieblingsspielzeuge mit ihm. Irgendwann ist schon der Spaß allein genug Belohnung für ihn. Geborene Apportierhunde sind Labrador, Pointer, Setter und Pudel. Auch der Schäferhund, Dalmatiner, die meisten Terrier und viele Mischlingshunde mögen es gerne.

Kontrolle des Spiel-Beißens

Wenn Welpen mit Leuten oder Artgenossen spielen, beißen sie oft. Das kann störend werden, besonders bei Welpen, die kein Training bekommen. Wenn ein Welpe seinen Artgenossen beißt, schreit dieser, dreht sich weg und will nicht mehr spielen. Der Beißer ist meist geschockt und seine nächste Annäherung fällt sanfter aus.

Wenn Sie Ihr Welpe beißt, sagen Sie laut „Au“ und gehen Sie raus. Kommen Sie zurück, befehlen Sie ihm zu sitzen und streicheln Sie ihn. Wenn er wieder beißt, wiederholen Sie den Vorgang. Er wird bald begreifen, dass Beißen mit allein gelassen werden zu assoziieren ist. Manche Welpen beißen trotz Training. Sie müssen physisch in eine rangniederere Position gebracht werden. Rollen Sie ihn behutsam auf eine Seite und drücken Sie ihn mit einer Hand nach unten, während Sie mit der anderen sein Maul zudrücken und ihm direkt in die Augen sehen. Wenn Ihr Welpe aufhört, sich zu wehren, lassen Sie ihn los und streicheln Sie ihn. Wiederholen Sie diesen Vorgang, immer wenn er versucht, hart zu beißen, und nicht aufhören will. Vielleicht sollten Sie sich dies einmal von Ihrem Tierarzt zeigen lassen.

Gehen Sie nicht zu grob mit Ihrem Hund um, wenn Sie mit ihm spielen. Er könnte dies sonst als Aufforderung zum Beißen auffassen. Wenn Sie mit ihm herumtollen möchten, verwenden Sie ein Spielzeug, an dem er herumzerren kann. Lassen Sie niemals zu, dass er Sie an Ärmel oder Hose packt.

Sie können Ihrem Welpen einen weichen Maulkorb anlegen, wenn Sie mit ihm spazieren gehen oder ihn trainieren, damit er andere nicht beißt.

Es ist ganz natürlich für Ihren Hund, dass ihm Zerrspiele Spaß machen.

Das Hunde-Training sollte auf Belohnung und Bestärkung basieren.

Hochspringen

Manche Hunde neigen dazu, vor Aufregung an Besuchern oder an ihrem zurückkehrenden Herrn hochzuspringen. Das kann sehr störend sein, nicht nur, weil Kleidung dabei beschädigt wird, sondern weil kleine Kinder oder ältere Leute umgerissen werden können.

Wenn Ihr Hund hochspringt, drehen Sie sich sofort um und gehen Sie in die entgegengesetzte Richtung. Kommen Sie zurück und befehlen Sie ihm zu sitzen. Belohnen Sie das Sitzen mit einem Leckerbissen. Wenn er wieder hochspringt, sagen Sie „Nein". Wiederholen Sie den Vorgang. Wenn er hochspringt und seine Pfoten auf Sie legt, gehen Sie weg, ohne ihn anzufassen, sodass er auf den Boden fällt. Fordern Sie ihn wieder auf zu sitzen und belohnen Sie ihn.

Wenn dies nicht hilft, bitten Sie jemanden, zu einer bestimmten Zeit zu kommen. Halten Sie Ihren Hund an Geschirr und Leine fest und verhindern Sie, dass er an dem Besucher hochspringt. Befehlen Sie ihm, ruhig zu sitzen, während der Besucher ins Haus kommt und Sie begrüßt. Der Besucher sollte den Hund zunächst ignorieren. Belohnen Sie den Hund, wenn er ruhig ist, dann erlauben Sie dem Besucher, den Hund zu begrüßen, während er ruhig sitzt. Sollte er versuchen, hochzuspringen, sollte der Besucher ihn nicht streicheln und weggehen.

Familienmitglieder können sich hierbei gegenseitig helfen. Hunde lernen schnell, dass Hochspringen dazu führt, dass sie ignoriert werden und es besser ist, herzukommen und ruhig vor dem Besucher oder dem heimkehrenden Herrn zu sitzen.

So verhindern Sie Hochspringen:

- Ermutigen Sie Ihren Welpen nicht, hochzuspringen, um Ihre Aufmerksamkeit zu erregen.
- Seien Sie nicht zu übermütig, wenn Sie Ihren Welpen begrüßen.
- Befehlen Sie ihm zu sitzen oder zu liegen, bevor Sie ihm Aufmerksamkeit schenken.

Tadel und Korrektur

Bei modernen Trainingsmethoden ist physisches Bestrafen nicht vorgesehen: Heute bemüht man sich, nicht akzeptables Verhalten abzugewöhnen und korrektes Verhalten zu belohnen. Diese Methode nennt man positive Ermutigung.

Die „traditionelle“ Methode, den Hund mit einer zusammengerollten Zeitung zu schlagen, kann den Hund verunsichern. Meist verhält sich der Hund nicht absichtlich schlecht. Es ist nicht einfach für Ihren Hund, den alten Turnschuh von teuren Schuhen zu unterscheiden. Geduldige Umerziehung ist besser, als ihn anzuschreien oder zu schlagen. Wenn Sie dennoch das Gefühl haben, dass nur physische Bestrafung hilft, dann befolgen Sie bitte die folgenden Schritte:

- Halten Sie ihn fest am Halsband.
- Sehen Sie ihm direkt in die Augen.
- Sagen Sie mit fester Stimme „Nein“.
- Sperren Sie ihn in einen anderen Raum.
- Gehen Sie nach zwei Minuten zu ihm und geben Sie das Kommando „Sitz“ oder „Platz“. Belohnen nicht vergessen.

Eine Wasserpistole kann nützlich sein. Spritzen Sie ihm direkt ins Gesicht, wenn er sich falsch verhält. Wenn er zurückspringt, fordern Sie ihn auf zu sitzen und belohnen Sie ihn. Wenn Ihr Hund als Welpe ordentlich erzogen wurde, dürfte eine physische Korrektur nicht nötig sein.

Wenn Sie alleine nicht zurechtkommen mit dem Training, wenn Ihr Hund aggressiv ist, laut oder überängstlich, sprechen Sie mit Ihrem Tierarzt.

Trainingshilfen

Ihr Welpe sollte ein weiches Hundehalsband bekommen, sobald er bei Ihnen lebt. Legen Sie es ihm anfangs nur kurz an, bis er sich daran gewöhnt hat. Dann können Sie eine leichte, 1,20 m lange Leine anlegen. Üben Sie mit ihm behutsam und lenken Sie ihn in die richtige Richtung. Versuchen Sie, Ihren Welpen auf der linken Seite zu führen, während Sie die Leine in der rechten Hand halten. Haben Sie Geduld mit ihm, loben und belohnen Sie ihn viel. Wenn Ihr Welpe die Leine ablehnt, lassen Sie sie trotzdem am Halsband hinterherschleifen. Sie darf sich nur nicht in irgendetwas verfangen oder angeknabbert werden. Wenn sich Ihr Welpe daran gewöhnt hat, mit Ihnen im Garten an der Leine zu gehen, können Sie sich in die Nachbarschaft wagen. Links laufen braucht er nun nicht mehr, jetzt wo er neue Erfahrungen macht. Er sollte mehr Freiheit an einer langen Leine bekommen, um seine Umgebung erforschen zu können. Eine kurze Leine kann dazu führen, dass er ihnen nicht freiwillig folgt.

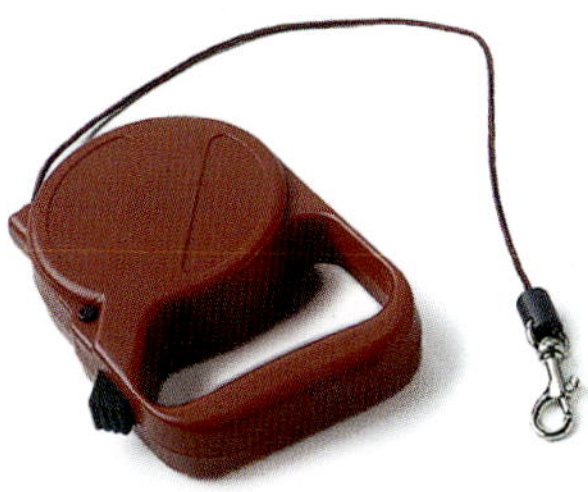

Weiche „Quick-Release“-Nylon-Leine für einen Hund mittlerer Größe

Wenn Ihr Hund erst einmal gehorsam neben Ihnen herläuft, sollten Sie ihn eventuell für ein fortgeschrittenes Trainingsprogramm anmelden.

Standard-Halsbänder und -leinen

Ab sechs Monaten sollten heranwachsende Hunde ein Halsband aus Nylon oder Leder tragen, am besten mit Identitätsplakette. Wählen Sie eine Leine, die Größe und Kraft Ihres Hundes berücksichtigt. Für große Hunde empfiehlt sich eine kürzere, starke Leine mit Ledergriff und integrierter Kette oder eine kurze, ausrollbare Lederleine. Für kleinere Hunde ist eine dünnere, längere Leine aus Nylon oder Leder am besten.

Weiches Halsband-Leine-Set für kleine bis mittelgroße Hunde

Würgehalsband für einen Hund mittlerer Größe

Die Flexi-Leinen

Flexileinen sind 3–5 m lang, verstellbar und je nach Größe und Gewicht des Hundes erhältlich. Sie sind ideal, um einen jungen Hund zu trainieren, da er genügend Freiheit hat und doch kontrollierbar ist. Kopfhalterungen, Geschirre und Sicherheitshalsbänder nicht ohne Anweisung vom Fachmann benutzen.

Sprechen Sie mit Ihrem Tierarzt, ob ein Würgehalsband für Ihren Hund angebracht ist. Wenn ja, nehmen Sie Ihren Hund mit, damit es genau angepasst werden kann.

Kopfhalterungen

Manche Hunde zerren ständig, wenn sie an der Leine geführt werden. Das macht auf die Dauer keinen Spaß. Mit einer Kopfhalterung haben Sie Richtung und Geschwindigkeit Ihres Hundes besser im Griff. Mit der Kopfhalterung können Sie auch ein evtl. aggressives Verhalten abwenden, falls sich ein anderer Hund annähert, denn sie erlaubt Ihnen, Ihren Hund in eine submissive Haltung zu bringen. Warnung: Falsches Handling der Kopfhalterung kann zu Verletzung im Nackenbereich Ihres Hundes führen.

Würgehalsband

Hierbei handelt es sich um eine Kette, die automatisch zuzieht, wenn man kurz und kräftig daran zieht. Ihr Hund lernt, das Kettengeräusch mit Unbehagen in Verbindung zu bringen, und läuft, ohne wegzuziehen. Ketten mit großen Kettengliedern sind kleineren Kettengliedern vorzuziehen. Das Problem ist, dass das Würgehalsband oft falsch angebracht wird. Lassen Sie es sich von Ihrem Tierarzt zeigen. Ein weiteres Problem ist, dass manche Hunde das Geräusch ignorieren und so hart daran ziehen, dass sie sich strangulieren. Hierfür gibt es Würgehalsbänder mit Stopp, die nur etwas zuziehen, ohne Ihren Hund zu würgen. Warnung: Nicht fachgerecht angelegte Würgehalsbänder sind gefährlich. Sie können Hals- und Nackenwirbel Ihres Hundes verletzen.

Hundegeschirre

Es verläuft um Brust und Vorderläufe Ihres Hundes und ist besonders nützlich für kurzgesichtige Rassen oder Hunde mit Nackenverletzungen. Standard-Geschirre sind für große Hunde, die stark ziehen, nutzlos. Dafür gibt es Anti-Zug-Geschirre, die Druck auf Brust und Vorderläufe ausüben, wenn er zieht. Doch Vorsicht ist auch hier geboten, da sich Ihr Hund aufscheuern kann.

Zitronella-Halsband

Dieses Halsband sprüht Zitronella in das Gesicht Ihres Hundes, wenn er bellt. Es ist nützlich, wenn das Gebell zum Ärgernis wird. Ihr Hund muss jedoch vorab von einem Verhaltenstherapeuten beurteilt werden und das Halsband sollte zunächst nur unter Aufsicht verwendet werden. Wenn Ihr Hund bellt, weil er Angst hat, sollte dieses Halsband nicht verwendet werden.

Fortgeschrittenes Training

Wenn Ihr Hund erst einmal die Grundbegriffe beherrscht, wird es Ihnen Freude machen, einen Hund zu besitzen. Danach können Sie darauf aufbauen und Hundekommandos aus der Entfernung trainieren, z. B. „Platz". Es gibt auch Hundetrainingsclubs, die Ihnen wertvolle Ratschläge geben können.

Lederhalsband, starke, aber weiche Stoffleine und Würgehalsband

Rassen, die sich gut abrichten lassen, gerne arbeiten oder wendig sind

- Bearded Collie
- Belgischer Schäferhund
- Bobtail
- Border Collie
- Boxer
- Dalmatiner
- Deutsche Dogge
- Deutscher Schäferhund
- Dobermann
- Golden Retriever
- Irish Setter
- Labrador Retriever
- Pointer
- Pudel
- Rottweiler
- Schnauzer
- Weimaraner
- Welsh Corgi

Trainieren eines ausgewachsenen Hundes

Wenn Sie einen ausgewachsenen Hund aus dem Tierheim oder von einem Hundezüchter bei sich aufnehmen, werden Sie ihn wahrscheinlich trainieren müssen. Er kann schlechte Angewohnheiten haben, die er sich seit langer Zeit angewöhnt hat. Es wird Sie viel Zeit und Geduld kosten, ein solches Tier umzutrainieren, aber es ist möglich.

Polizeihunde z. B. beginnen oft nicht vor 20 Monaten mit dem Training. Die Übungen sind zwar ein bisschen anders als bei Welpen, doch im Prinzip sollte derselbe Ablauf eingehalten werden. Vergessen Sie nicht, dass der Hund möglicherweise schon einmal trainiert wurde und anders auf Kommandos reagiert.

Manche Hunde reagieren z. B. nicht auf „Platz", dafür auf „ab" oder „runter". Schwierig kann es werden, wenn ein Befehl überholt ist, d. h. wenn der vorige Halter nicht dafür gesorgt hat, dass der Hund ein bestimmtes Kommando befolgt. Dann kann es geschehen, dass er das Kommando ignoriert. Das passiert im Allgemeinen mit „Nein“ und „Komm“. In diesem Fall ist es besser, Sie trainieren ihm andere Begriffe dafür an wie z. B. „Stopp“ und „Hier“.

Wenn Sie sich einmal für ein bestimmtes Kommando entschieden haben, sorgen Sie dafür, dass Ihr Hund reagiert. Halten Sie ihn so lange an einer flexiblen Leine, bis Sie sicher sind, dass er Ihren Befehlen gehorcht.

Einen ausgewachsenen Hund stubenrein zu bekommen, kann problematisch werden. Hunde, die im Zwinger eines Züchters gelebt haben, haben die Gewohnheit entwickelt, sich auf Beton zu erleichtern. Daher werden sie Fußwege, Einfahrten und Treppenstufen beschmutzen, was nicht nur Sie, sondern auch Ihren Nachbarn verärgern kann. Falls Sie im Haus irgendwo einen harten Fußboden haben, können Sie ihn vielleicht so weit beeinflussen, dass er sich dort erleichtert. In diesem Fall müssen Sie ihn genau beobachten. Wenn er Anzeichen zeigt, dass er „muss“, sollten Sie ihn an der Leine hinausführen und ihn viel loben, wenn er sein Geschäft da gemacht hat, wo er sollte.

Erwarten Sie nicht von ihm, dass er automatisch weiß, was er tun soll. Nur weil er ausgewachsen ist, bedeutet nicht, dass er fix und fertig programmiert ist, wie Sie sich das vorstellen. Fordern Sie nicht zu viel von ihm und haben Sie Verständnis, wenn ein Malheur geschieht.

Große Hunde benötigen mehr Raum, Zeit und Geduld bei Auslauf und Training.

Bewachen

Die meisten Hunde, ob Rüde oder Hündin, neigen dazu, ihr heimatliches Revier zu bewachen. Wie ausgeprägt dieser Instinkt ist, hängt von der Rasse ab. Beim Rottweiler, Deutschen Schäferhund, Dobermann und Rhodesian Ridgeback ist er meist sehr stark vorhanden. Bei Rüden noch mehr als bei Hündinnen.

Die meisten Menschen fühlen sich sicher, wenn ihr Hund bei herankommenden Fremden bellt. Wenn der Halter aufspringt, an die Tür geht und sagt „Was ist das, was ist das?", dann ermutigt er seinen Hund damit, auf Geräusche zu reagieren. Hunde, die auf stimmliche Befehle trainiert wurden, sollten aufhören zu bellen, wenn ihr Herr bei einem Besucher „Sitz" oder „Ruhig" sagt.

Polizeihunde erhalten ein spezielles Training, um mutig, furchtlos und unerschrocken zu werden.

Wenn Sie wollen, dass Ihr Hund auf Kommando angreift, brauchen Sie einen professionellen Trainer.

Ein Hund kann auch darauf trainiert werden, anzugreifen, was jedoch von der Allgemeinheit vermieden werden sollte. Dies kommt nur in ganz besonderen Fällen infrage und sollte von einem Profi durchgeführt werden. Diese Tiere werden normalerweise draußen in einem Zwinger gehalten und darauf abgerichtet, jeden zu beißen, der sich nähert. Sie sind eine potenzielle Gefahr und Halter riskieren empfindliche Strafen, wenn jemand verletzt wird. Diese Hunde können nicht unterscheiden, ob jemand einen triftigen Grund hat, sich auf dem jeweiligen Anwesen aufzuhalten, oder ob er üble Absichten hat. Jeder Fremde wird gebissen.

Wenn die Familie ein Baby bekommt

Etwa zwei Monate vor der Geburt Ihres Babys sollten Sie Ihren Hund mit all den neuen Dingen konfrontieren, die mit dem Baby zu tun haben. Lassen Sie ihn an Babypuder und Cremes schnuppern und machen Sie ihn mit Qietschgeräuschen, Spieluhren usw. vertraut.

Während Sie noch in der Klinik sind, sollten Sie Ihrem Partner Kleidung mit dem Geruch des Babys nach Hause mitgeben, damit sich der Hund mit dem neuen Duft anfreunden kann. Wenn Sie nach Hause kommen, lassen Sie das Baby zunächst im Wagen und begrüßen den Hund alleine. Leinen Sie ihn an und bitten Sie Ihren Partner, ihn zu halten, während Sie das Baby hereinbringen. Erlauben Sie Ihrem Hund, das Neugeborene zu beschnüffeln und mit ins Kinderzimmer zu gehen. Beziehen Sie Ihren Hund in den folgenden Tagen mit in die Babypflege ein. Am besten binden Sie ihn in Ihrer Nähe an, wenn Sie das Baby wickeln oder füttern. Lassen Sie Baby und Hund niemals unbeaufsichtigt. Es ist nicht auszuschließen, dass sich in Ihrem Hund angeborene Raubtieraggressionen rühren (Seite 92, Raubtieraggressionen).

Kleinkind und Hund können zwar zu unzertrennlichen Freunden werden, trotzdem sollten Sie die beiden niemals unbeaufsichtigt lassen.

Allgemeine Verhaltensprobleme

Aggression

In der Welt der Caniden gehört Aggression zum normalen Verhalten. Hunde zeigen aggressives Verhalten, wenn sie von einem anderen Hund bedroht werden, auf der Jagd, wenn sie ihren Wurf beschützen oder wenn sie ihre soziale Rangordnung etablieren. Hierbei nehmen sie bestimmte Körperpositionen ein, die mit Lauten wie Knurren oder Bellen einhergehen. Dies kann vom rangniedrigeren Hund mit Unterwerfungsgebaren beantwortet werden und einen ernsthaften Kampf vermeiden. Aggressionen gegenüber anderen Menschen gehören zu den meistbekannten Verhaltensproblemen.

Eingesperrt – viele Hunde ertragen es schlecht, von ihrem Herrchen getrennt zu sein.

Dominanzaggression

Dies ist das bekannteste Verhaltensproblem. Es handelt sich um ein Machtspiel zwischen Hund und Herrn. Der Hund spürt vielleicht schon, dass er in Kontrolle ist, oder er versucht seinen Herrn zu testen, um zu sehen, wer das Sagen hat im Haushalt. Hunde mit Dominanzaggression knurren ihren Herrn an oder schnappen nach ihm, wenn sie im Schlaf gestört werden oder wenn sie einen bestimmten Platz verlassen sollen. Diese Art der Aggression taucht normalerweise erst mit sozialer Reife auf, d. h. zwischen 18 Monaten und zwei Jahren. In diesem Moment muss ein Tier wissen, welchen Rang es im Haushalt hat. Es kann sein, dass es manche Familienmitglieder anknurrt. Meist sind Kinder die ersten, die herausgefordert werden, wahrscheinlich weil sie kleiner sind und sich noch nicht so gut durchsetzen können. Solche Hunde können auch aggressives Besitzverhalten und/oder Futteraggressionen zeigen (Seite 90).

Wenn sich Ihr Hund so verhält, sollten Sie mit Ihrem Tierarzt sprechen. Er wird Sie vielleicht zu einem Verhaltensspezialisten schicken. Zunächst muss festgestellt werden, ob Ihr Hund gesund ist. Wenn ihm nichts fehlt und er mit aggressivem Dominanzverhalten diagnostiziert wird, kann mit einem speziellen Verhaltenstraining viel erreicht werden. Natürlich verlangt dies dem Hundehalter sehr viel Zeit, Mühe und Motivation ab.

Spielerische Kämpfe dienen dazu, herauszufinden, wer den höheren Rang hat, ohne ernsthafte Verletzungen hervorzurufen.

Wie verhindert man Dominanzaggression?

Wenn Sie Ihrem Hund von klein an klare Richtlinien vermitteln, können Sie das Risiko, dass er aggressives Dominanzverhalten entwickelt, verringern. Hier einige wertvolle Hinweise:

- Füttern Sie Ihren Welpen, nachdem Sie und Ihre Familie gegessen haben. Im Rudel fressen dominante Tiere immer zuerst.
- Sitzen Sie unbedingt jeden Tag eine Weile auf dem Lager Ihres Welpen, damit ihm Ihre Dominanz klar wird.
- Melden Sie Ihren Welpen in einer Welpenschule an, sobald er bei Ihnen lebt.
- Wenn Ihr Welpe aggressives Verhalten zeigt, geben Sie ihm 5 bis 10 Minuten Auszeit in einem anderen Raum.
- Zwingen Sie ihn, andere Familienmitglieder zuerst durch eine Tür gehen zu lassen.
- Trainieren Sie mindestens 5 bis 10 Minuten.
- Wenn Ihr Welpe die Kommandos „Sitz" und „Platz" beherrscht, bestehen Sie darauf, dass er sie mindestens zweimal täglich befolgt.

Erlauben Sie ihm nicht, dass er seine Pfoten auf Sie legt, um Ihre Aufmerksamkeit zu erhalten. Ignorieren Sie ihn und wenden Sie sich ihm erst zu, wenn er sich Ihre Aufmerksamkeit durch ruhiges Verhalten verdient hat.

Verschiedene Stadien der Aggression

Normales friedliches Verhalten

Beginnende Aggression

Gesteigerte Aggression

Heftige Aggression

Verschiedene Stadien der Furchtaggression

Erste Zeichen von Furcht

Starke Zeichen von Furcht

Aggression und Furcht

Furcht und extreme Aggression

Furchtaggression

Hier handelt es sich um das zweithäufigste Verhaltensproblem und kann ererbt sein. Furchtaggression tritt am häufigsten bei Hunden aus Tierheimen auf und liegt daran, dass sie früher missbraucht wurden. Diese Tiere benötigen Rehabilitation.

Hunde, die aus Angst aggressiv sind, zeigen schon mit drei Monaten typische Verhaltensmuster. Sie reagieren verängstigt, selbst wenn gar kein Grund vorliegt. Ein nahender Fußgänger oder ein Gegenstand auf der Straße jagt ihnen Angst ein. Sie reagieren mit Knurren, Zittern, Schwanz zwischen die Beine klemmen, möglicherweise urinieren sie oder setzen Kot ab. Nacken- und Rumpfhaare werden aufgestellt. Es ist wichtig, mit einem solchen Tier zum Verhaltensspezialisten zu gehen. Oftmals benötigen sie Medikamente und ein Desensibilisierungsprogramm. Dabei wird der Hund schrittweise dem Angst verursachenden Auslöser ausgesetzt. Gleichzeitig wird er einer Entspannungstherapie unterzogen. Zwischenzeitlich können Sie zu folgenden Maßnahmen greifen:

- Vermeiden Sie, Ihren Hund angstauslösenden Dingen auszusetzen, bis Sie entsprechende Hilfe gefunden haben.
- Streicheln Sie ihn nicht, wenn er ängstlich ist. Ignorieren Sie dies stattdessen.
- Wenn er sich entspannt, belohnen Sie ihn.

Vermeiden von Furchtaggression

Wenn angstbezogene Aggressionen angeboren sind, ist es schwer, diese zu verhindern. Machen Sie den Hund so früh wie möglich mit verschiedenen Umgebungen und Menschen vertraut – und assoziieren Sie positive Erlebnisse damit. Dies kann helfen.

Besitzaggression

Typisch ist, wenn ein Hund einen Gegenstand, der seinem Herrn gehört, nicht mehr herausgeben will. Wenn er dazu gedrängt wird, beginnt er zu knurren oder sogar zu beißen. Diese Art der Aggression geht oft mit aggressivem Dominanzverhalten einher. Besitzaggression ist eine potenzielle Gefahr, besonders für Kinder. Ein Verhaltensspezialist kann helfen, doch bis das Programm beendet ist, sollten Sie Ihren Hund nicht herausfordern.

Besitzaggression vermeiden

Diese Taktik kann helfen:

- Sorgen Sie dafür, dass Ihr Hund von klein an weiß, dass er rangniedriger ist (Seite 87, Dominanzaggression).
- Vermeiden Sie es, mit Ihrem jungen oder älteren Hund um Spielzeug zu „kämpfen".
- Bringen Sie Ihrem Welpen bei, einen Ball wieder herzugeben, und belohnen Sie ihn.

Futteraggression

Hunde, die Futteraggressionen zeigen, können sehr gefährlich sein, besonders für kleine Kinder. Diese Hunde verteidigen ihr Futter wild und knurren permanent, während sie fressen. Wenn sie einen Knochen oder Hundekeks haben, könnten sie sich auf jeden stürzen, der zu nahe daran vorbeigeht. Futteraggression kann mit aggressivem Dominanzverhalten einhergehen. Am sichersten füttern Sie einen solchen Hund in einem separaten, geschlossenen Raum. Geben Sie keine Knochen, da diese normalerweise vehement verteidigt werden. Suchen Sie evtl. einen Spezialisten auf.

Fordern Sie Ihren Hund auf, etwas entfernt von seinem Futternapf zu sitzen. Geben Sie ein wenig Futter hinein. Stellen Sie den Napf auf den Boden und lassen ihn fressen. Wiederholen Sie den Vorgang. Nach einiger Zeit sollte es möglich sein, dass er frisst, während Sie den Napf halten. Wenn er knurrt, hören Sie sofort mit dem Füttern auf.

Es ist natürlich für einen Hund, Futter oder Knochen eifersüchtig zu bewachen.

Mütterliche Aggressionen verlieren sich, je älter die Welpen werden.

Futteraggression vermeiden

Es ist ganz normal für einen Hund, sein Fressen zu verteidigen. Besonders Welpen aus einem großen Wurf lernen schnell, um eine größere Portion zu kämpfen. Vielleicht hilft es, Ihren Welpen mit der Hand aus seinem eigenen Napf zu füttern und in der Nähe zu sitzen, während er frisst, doch sorgen Sie dafür, dass er weiß, wer dominant ist.

Mütterliche Aggression

Wenn ein Muttertier gerade Junge bekommen hat oder kurz davor ist, kann es aggressiv reagieren. Es gibt auch Scheinträchtigkeit, wobei stattdessen Spielzeug wild verteidigt wird.

Bei Anzeichen solcher Aggressionen versuchen Sie folgende Taktik:

- Stören Sie ein Muttertier in der ersten Woche, nachdem es geworfen hat, nicht.
- Danach rufen Sie die Hündin aus dem Zimmer, legen ihr die Leine an und gehen spazieren, während jemand anders das Lager säubert.
- Füttern Sie sie nach dem Spaziergang und lassen Sie sie alleine.
- Bei Scheinschwangerschaft nehmen Sie ihr die Spielsachen weg, während ein anderer mit ihr spazieren geht. Manche Hündinnen benötigen eine Hormonbehandlung.

Gehorsamkeitstraining kann hochgefährliche Beuteaggression unter Kontrolle bringen.

Beuteaggression

Hunde, die zu Raubtieraggressionen neigen, schleichen sich für gewöhnlich lautlos an andere Tiere heran und töten sie, ob Katzen, Eichhörnchen oder Hühner. Am schlimmsten wird es, wenn ein solcher Hund seine Aufmerksamkeit auf ein kleines Kind oder Baby richtet. Neugeborene und Kleinkinder verhalten sich in den Augen des Hundes wie verwundete Beutetiere: Ihre Bewegungen sind unkoordiniert und sie kreischen plötzlich in hohen Tönen. Dieses Verhalten kann bei einem Hund den Raubtierinstinkt hervorrufen.

Beuteaggression vermeiden

Ein solches Verhalten kann einem Hund niemals abtrainiert werden. Strenges Gehorsamkeitstraining kann zwar helfen, solche Hunde unter Kontrolle zu halten, aber trauen kann man einem solchen Tier nicht. Niemals mit Kindern alleine lassen.

Umgeleitete Aggression

Ein solches Verhalten kommt vor, wenn ein Hund von einer aggressiven Handlung abgehalten wird, weil sein Besitzer diese für unangebracht hält: z. B. einen Besucher anknurren oder den Postboten terrorisieren. Unmittelbar nachdem der Hund getadelt wurde, beginnt er, der Katze hinterherzujagen oder ein Familienmitglied zu bedrohen.

Bei dieser Art von Aggression ist es am besten, sofort zu handeln, nachdem man herausgefunden hat, wodurch sie hervorgerufen wurde. Wenn die Katze jedes Mal gebissen wird, weil Ihr Hund nicht den Postboten angreifen durfte, dann muss er lernen, die Ankunft des Postboten mit einem anderen Verhalten zu assoziieren, z. B. sitzen und sich auf den Besitzer konzentrieren. Dafür sollte er dann eine Belohnung erhalten. Ein Verhaltensspezialist kann Ihnen hierzu wertvolle Ratschläge geben.

Umgeleitete Aggression vermeiden

Es ist kaum möglich, vorherzusehen, ob ein Tier unter umgeleiteter Aggression leidet. Strenges Gehorsamkeitstraining sollte dazu beitragen, dass es nicht zu dieser Art von Aggression kommt. Wenn ein Hund Anzeichen dafür zeigt, kann etwas Wasser aus der Wasserpistole, das direkt in sein Gesicht gespritzt wird, helfen, bis ein Verhaltensspezialist gefunden ist.

Aggression unter Hunden ist ein weitverbreitetes Problem auf Spaziergängen – es kann an unterschwelligen Ängsten im einen oder anderen Hund liegen.

Idiopathische Aggression

„Idiopathisch" bedeutet, dass die Ursache nicht bekannt ist. Hunde, die unter gefährlichen Aggressionen leiden, können während solcher Attacken Schaum vor dem Mund haben. Man begibt sich in Gefahr, wenn man sich einem solchen Hund nähert. Es kann ein Gendefekt vorliegen. Ein solcher Hund muss entweder ständig Medikamente bekommen oder eingeschläfert werden.

Vermeiden von idiopathischer Aggression

Es gibt keine speziellen Auslöser für diese Art von Aggression. Daher kann sie nicht vermieden werden. Idiopathische Aggressionen sind jedoch relativ selten.

Die Anal-Drüsen sondern ein Sekret ab, das wichtige Informationen über den Hund und seinen sexuellen und sozialen Stand enthält.

Aggressionen gegenüber fremden Hunden

Dies führt im Allgemeinen zu Problemen auf Spaziergängen. Zwei Hunde, ob angeleint oder nicht, treffen aufeinander und beginnen einen Zweikampf.

Ein aggressiver Hund wird jeden Artgenossen, der seinen Weg kreuzt, angreifen, ungeachtet seiner Größe, seines Geschlechts oder Alters. Nur ein extrem submissives Verhalten des anderen Hundes kann die Situation entschärfen. Wenn nicht, kommt es möglicherweise zu einer ernsthaften Auseinandersetzung. Dies kann zu schweren Verletzungen führen und macht Hundebesitzern Angst.

Hunde, die überaggressiv reagieren, können an unterschwelligen Ängsten oder an einer Unterversorgung bestimmter Chemikalien im Gehirn leiden. Bei Rüden kann Kastration dazu beitragen, dieses Problem in den Griff zu bekommen. Bei einem aggressiven Hund ist es ratsam, eine Kopfhalterung anzubringen (S. 81), damit Sie seinen Kopf unter Kontrolle haben. Wenn sich ein anderer Hund nähert, drehen Sie seinen Kopf zur Seite, da sie ihn so in eine rangniederere Haltung bringen und er kein aggressives Signal setzen kann.

Ein Desensibilisierungsprogramm, bei dem ein aggressiver Hund lernt, zu entspannen und sich auf seinen Herrn zu konzentrieren, kann helfen. Wertvolle Tipps erhalten Sie hierzu von einem Verhaltensspezialisten.

Vermeiden von Aggressionen gegenüber fremden Hunden

- Kastrierung: zur Verminderung des Aggressionsniveaus des Rüden
- Adäquate Sozialisierung von klein an. Hunde, die schon als Welpen mit anderen Hunden vertraut gemacht wurden, zeigen weniger Aggressionen gegenüber Artgenossen.

Aggressionen gegenüber Hunden im selben Haus

Hunde, die im selben Haushalt leben, müssen eine Rangordnung schaffen. Manchmal tauchen Probleme auf, wenn ein neu hinzukommender Welpe die soziale Reife erlangt: ab 18 Monaten bis zwei Jahre (Teenagerjahre!). In diesem Alter beginnt er, andere Hunde herauszufordern, z. B. indem er plötzlich das Lieblingsspielzeug des anderen nimmt oder sich auf dessen bevorzugten Platz legt. Wenn der ältere Hund nicht nachgeben will, kommt es zum Kampf. Es ist wichtig, herauszufinden, welcher der Hunde den Kampf am wahrscheinlichsten gewinnen könnte. Wenn Ihr älterer Hund schwächer geworden ist und Sie glauben, dass er einen Kampf verlieren würde, sollte die Dominanzposition des Jüngeren klargemacht werden, auch wenn Sie das Gefühl haben, dass Sie einen alten Freund betrogen haben. Sie können dies tun, indem Sie dem Jüngeren zuerst zu fressen geben und ihm mehr Aufmerksamkeit als dem anderen schenken. Sollte der ältere Hund noch immer stark sein und es ist wahrscheinlich, dass er einen Zweikampf gewinnt, stärken Sie seine Position wie oben beschrieben. Wenn beide in etwa gleich stark sind, kann es sein, dass sie für einen von beiden ein neues Zuhause finden müssen. Sprechen Sie mit Ihrem Verhaltensspezialisten. Lassen Sie die Hunde nicht alleine, bis die Hierarchie feststeht. Ein Kampf könnte übel ausgehen.

Vermeiden von Aggressionen zwischen Hunden im selben Haushalt

Wenn Sie sich einen zweiten Hund anschaffen:

- Wählen Sie das jeweils andere Geschlecht.
- Lassen Sie sie nicht alleine auf engem Raum.
- Füttern Sie sie nicht gleichzeitig.

Wenn sich Ihre beiden Hunde durch Dominanzgebaren herausfordern, sollten Sie denjenigen unterstützen, der am ehesten gewinnt, sonst wird nie Ruhe sein im Haus.

Bellen

Bellen ist wohl das störendste Geräusch bei Hunden, besonders wenn Sie in der Stadt wohnen. Manche Rassen bellen dauernd, andere dagegen kaum. Z. B. Terrier bellen bei jeder Kleinigkeit, Huskies und Basenjis dagegen kaum. Bellen ist eine natürliche Ausdrucksweise unter Caniden, kann aber auch zu einem ernsten Problem werden.

Es gibt viele mögliche Ursachen für häufiges Bellen und für jedes Bellen sollte ein Grund vorhanden sein. Tonlage und Art des Bellens können darüber Auskunft geben. Hunde, die bellen, solange ihr Herr nicht zu Hause ist, leiden möglicherweise an Trennungsängsten (Seiten 99–100).

Sporadisches Bellen kann der Grund von bestimmten Bewegungen in der Nachbarschaft oder ein anderer Hund in der Nähe sein. Manche Hunde bellen aufgeregt, wenn ihr Besitzer nach Hause kommt. Dies wird nur zum Problem, wenn sich die Nachbarn beklagen. Wenn er jedoch während Ihrer Abwesenheit die ganze Zeit bellt und Ihre Nachbarn sich gestört fühlen, bitten Sie sie, ihnen mitzuteilen, wie oft und wie lange Ihr Hund bellt.

Wenn er die ganze Zeit über bellt, kann es sich wirklich um Trennungsängste handeln. Ein Verhaltensspezialist für Tiere kann helfen. Wenn Ihr Hund bellt, sobald Besucher kommen, versuchen Sie ihn durch Spielzeug, ein besonders bequemes Lager usw. abzulenken.

Wenn Sie wissen, dass Sie für ein paar Stunden wegmüssen, machen Sie vorher einen langen Spaziergang mit ihm oder tollen mit ihm herum. Er wird eher entspannen oder schlafen, wenn er müde ist. Hunde, die bellen, während ihr Besitzer zu Hause ist, können desensibilisiert werden, d. h., man kann ihnen beibringen, auf Kommando ruhig zu sein.

Vermeiden von Problem-Bellen

- Trainieren Sie Ihren Welpen, dass er auf ein bestimmtes Kommando aufhört.
- Machen Sie Ihren neuen Hund mit vielen ungewöhnlichen Geräuschen und Objekten vertraut und belohnen Sie ihn, wenn er dabei ruhig reagiert.
- Wenn Ihr Welpe zu laut bellt, leiten Sie sein Verhalten um, indem Sie ihm befehlen, zu sitzen oder sich hinzulegen. Bewegen Sie ihn dazu, dass er sich auf Sie konzentriert, und belohnen Sie ihn mit einem Leckerbissen. Ignorieren Sie den Anlass des Bellens.

Welpen können gegenseitige Aggressionen zeigen, genau wie ausgewachsene Hunde.

Destruktives Kauen ist eine störende Eigenschaft und kann obsessiv sein.

Destruktives Verhalten

Destruktives Verhalten ist vor allem bei jungen Hunden nichts Außergewöhnliches, besonders wenn sie zahnen. Es hilft nicht nur gegen juckendes Zahnfleisch, sondern auch, um ihr Umfeld zu erforschen. Ältere Hunde können ebenfalls destruktiv sein. Es kann beim Spiel passieren oder wenn Trennungsängste vorliegen (Seiten 99–100).

Wenn Ihr Welpe anfängt, an Türen oder Möbeln herumzukauen, sagen Sie mit fester Stimme „Nein" und geben Sie ihm eines seiner Spielzeuge. Immer wenn er an einem seiner Spielzeuge herumkaut, loben Sie ihn. Wenn er nicht gehorcht, versuchen Sie es mit einer Wasserpistole. Spritzen Sie Ihrem Welpen etwas Wasser ins Gesicht und sagen Sie nichts, da er dieses unangenehme Gefühl mit dem Objekt assoziieren soll, nicht mit Ihnen.

Vermeiden von destruktivem Verhalten

- Trainieren Sie Ihren Welpen, damit er an seinem eigenen Spielzeug herumkaut.
- Gewähren Sie Ihrem neuen Hund keinen Zugang zu wertvollen Möbeln.
- Lassen Sie ihn im Hauswirtschaftsraum mit viel Spielzeug oder einem Knochen.

Buddeln

Hunde vergraben Spielzeug oder Knochen. Sie graben etwas aus, was sie gerochen haben, oder sie buddeln eine Kuhle, um warm zu bleiben oder sich abzukühlen. Oder weil sie Spaß daran haben.

Dieser Buddelzwang kann ärgerlich werden, wenn man z. B. gerade ein Blumenbeet frisch gepflanzt hat, oder wenn der Hund sich einen Tunnel unter dem Zaun gräbt. Wenn er davon besessen zu sein scheint (Seiten 100–101), kann ein Verhaltensspezialist helfen.

Falls Ihr Hund seinem Buddelzwang in einem Bereich nachgeht, wo er nicht graben soll, versuchen Sie, ihn umzudirigieren in eine Ecke, wo er dies darf. Vielleicht ein Sandkasten oder eine Ecke mit Gartenabfällen. Wenn er trotzdem weitermacht, vergraben Sie Luftballons in dem verbotenen Bereich oder Plastikmausefallen, etwas, das Krach macht und ihn erschreckt.

Wenn er sich unter dem Zaun durchgräbt, muss er vielleicht durch einen sanften Elektroschock daran erinnert werden, dass er das nicht soll. Erkundigen Sie sich, ob Elektrozäune in Ihrer Gemeinde erlaubt sind.

Vermeiden des Buddelzwangs

- Spielen Sie täglich mit Ihrem Hund und halten Sie ihn in Bewegung.
- Dirigieren Sie sein Buddelverhalten in ein anderes akzeptables Verhalten um.
- Geben Sie ihm einen Knochen, wo er ihn nicht vergraben kann.

Buddeln ist ganz normal für einen Hund. Wenn der Besitzer jedoch Hobbygärtner ist, ist er damit wahrscheinlich nicht einverstanden.

Verschmutzen des Hauses

Dies kommt am häufigsten bei Welpen vor, während sie zu Stubenreinheit trainiert werden. Es kann aber auch bei älteren Hunden vorkommen.

Wenn ein ausgewachsener Hund plötzlich beginnt, das Haus zu verschmutzen, lassen Sie ihn gründlich untersuchen, da er eine Blasen- oder Darminfektion haben kann.

Wenn ein Hund das Haus verschmutzt, sobald sein Herr nicht da ist, könnte er unter Trennungsängsten leiden. Ein Verhaltensspezialist kann helfen. Es dient auch bei Revierabgrenzung und um Dominanz geltend zu machen– oder aus Gewohnheit, wie dies bei Hunden aus dem Zwinger der Fall ist.

Große Freude bei Heimkehr des Besitzers oder Besuchern kann zum Urinieren führen. Am besten ignorieren Sie dies.

Meist bessert es sich, wenn der Hund älter wird. Submissives Urinieren muss jedoch behandelt werden. Wenn ein Rüde im Haus das Bein hebt, kann dies zur Abgrenzung des Reviers und zur Geltendmachung seiner Dominanz gegenüber Menschen und anderen Hunden im Haushalt geschehen. Dies kommt vor, wenn ein neues Familienmitglied ankommt oder jemand für längere Zeit zu Besuch ist.

Sterilisierung hilft in 75 % der Fälle. Doch ein Auffrischen des Trainings kann notwendig werden. Wenn es vorkommt, sollte der Hund mit einer Pfeife oder Wasserpistole erschreckt werden und nur ein bestimmter Bereich im Haus sollte ihm zur Verfügung stehen. Wie bei Welpen muss ein solcher Hund häufig nach draußen geführt und gelobt werden, wenn er sich dort erleichtert.

Rüden leeren die Blase selten auf einmal. Daher sollten Sie immer ausgedehnte Spaziergänge machen. Wenn mehrere Hunde gleichzeitig im Haus eingesperrt sind, vor allem Rüden und Hündinnen, kann dies dazu führen, dass sie Harn und Kot absetzen. Es ist einfacher, eine Gruppe von Hunden draußen auf einem abgegrenzten Gelände zu halten und ihnen nur minimalen Zugang zum Haus zu gewähren.

Ein älterer Hund, der immer im Zwinger gehalten wurde, wird sicherlich das Haus verschmutzen, da es für ihn immer natürlich war, auf hartem Untergrund zu defäkieren. Dies abzutrainieren kann schwierig werden, da ein Hund Substratepräferenz (Harn und Kot nur an bestimmten Stellen abzusetzen) im Welpenalter lernt. Besonders unterwürfige Hunde neigen zu spontanem Urinieren. Dies ist ein normales Verhalten unter Caniden, wenn sie auf einen dominanten Artgenossen treffen.

Manche Hunde nehmen schon eine submissive Haltung ein und urinieren, wenn man sie streng ansieht. Es ist möglich, einem solchen Hund ein weniger submissives Verhalten anzutrainieren, wie z. B. zu sitzen und seinen Herrn anzusehen. Wenn er sich auf den Rücken rollt und uriniert, sollte dies ignoriert werden.

Vermeiden von Hausverschmutzung

- Trainieren Sie Ihren Welpen gut.
- Sorgen Sie für viel Freigang, vor allem bei nicht sterilisierten Rüden.
- Ermutigen Sie ihn, bei Besuchern entspannt zu sein.
- Halten Sie Gruppen von Hunden draußen.

Trennungsängste

Manche Hunde zeigen ein solches Verhalten, wenn sie alleine gelassen werden bzw. von einem bestimmten Familienmitglied getrennt werden. Typisch dafür ist, dass er bellt, wenn sein Herr weggeht. Meist bellt ein solcher Hund die ganze Zeit über, kaut Türen und Möbel an, zerreißt Teppiche und Vorhänge und setzt Harn und Kot im Haus ab. Es ist schon vorgekommen, dass Hunde durch eine Glasscheibe gesprungen sind, wenn sie unter Trennungsängsten litten. Diese Veranlagung kann ererbt sein. Interessant ist, dass Hunde aus Tierheimen besonders unter Trennungsängsten leiden. Man weiß nicht, ob sie ein solches Verhalten zeigen, weil sie Angst haben, verlassen zu werden, oder ob sie von ihren Haltern verlassen wurden, weil ihre Besitzer dieses Verhalten unerträglich fanden. Diese Hunde benötigen oftmals medizinische Betreuung und ein Trainingsprogramm, wobei sie lernen, sich zu entspannen, wenn ihr Besitzer den Raum oder das Haus verlässt.

Ihr Hund braucht Sie, um gefüttert zu werden und weil er Zuwendung sucht. Die meisten Hunde lernen mit der Abwesenheit ihres Herrn zurechtzukommen.

Vermeiden von Trennungsängsten

- Gewöhnen Sie Ihren Welpen frühzeitig daran, von Ihnen getrennt zu sein.
- Vermeiden Sie, dass Ihr Welpe immer nur mit einem Familienmitglied zusammen ist. Er sollte sich mit allen Familienmitgliedern wohlfühlen.
- Vermeiden Sie Abschiedsrituale. Variieren Sie den Ablauf von Duschen und Frühstücken. Ziehen Sie manchmal Schuhe und Mantel an und setzen sich dann hin, um Kaffee zu trinken.
- Machen Sie keine große Szene daraus, wenn Sie gehen oder zurückkommen.
- Sorgen Sie für viel Bewegung, bevor Sie ihn für längere Zeit alleine lassen.

Zwanghafte Verhaltensstörungen

Wenn dieses Verhalten ungewöhnlich häufig geschieht, kann es sehr störend werden, z. B. ständiges Buddeln, dem eigenen Schatten oder Schwanz hinterherjagen, nach nicht vorhandenen Fliegen schnappen, am Zaun entlangrennen oder an Füßen kauen.

Manche Hunde mit zwanghafter Verhaltensstörung reagieren aggressiv, wenn man sie davon abhalten will, andere hören nicht einmal auf, um zu fressen oder spazieren zu gehen. Bei zwanghaftem Buddeln kann es zu blutigen Pfoten und Krallen kommen. Kauer und Schwanzjager können Hautverletzungen davontragen und sich dadurch Sekundärinfektionen beibringen.

Hunde mit zwanghafter Verhaltensstörung leiden unter einem Mangel an bestimmten Neurochemikalien im Gehirn und brauchen professionelle Hilfe. Sie benötigen Verhaltenstraining und oftmals ein Leben lang Medikamente.

Vermeiden von zwanghaften Verhaltensstörungen

Man vermutet, dass es sich hierbei um ein ererbtes Verhalten handelt. Daher sollte ein solcher Hund nicht für Zuchtzwecke verwendet werden. Besonders anfällige Rassen sind: Scottish Terrier, Bullterrier und King Charles Spaniel.

Auch wenn es komisch aussieht, wenn ein Hund seinen Schwanz jagt, kann dieses Verhalten besonders bei Hunden, die oft alleine sind, obsessiv werden.

Streunen

Manche Hunde neigen dazu, auf Wanderschaft zu gehen. Dies kann frustrierend sein für den Halter und gefährlich für den Hund. Wenn Sie einen Hund haben, der gerne streunt, ist ein Zaun von 2–3 m Höhe das Beste. Eventuell müssen Sie mit dem Zaun bis 1 m tief in die Erde gehen, damit er sich nicht nach draußen gräbt. Eine Schallbarriere kann ebenfalls helfen. Sie können auch einen sicheren Zwinger bauen, mit Betonboden und Dach, wo Sie ihn lassen können, wenn Sie wegmüssen oder gerade keine Zeit haben, sich mit ihm abzugeben. Sorgen Sie täglich für sehr viel Bewegung und Spiel, das ihn stimuliert. Dies trägt dazu bei, dass er weniger Lust hat, sein Umfeld auf eigene Faust zu erforschen.

Rüden können zum Streunen neigen, wenn sich eine läufige Hündin in der Nähe befindet. Kastrieren hilft bei diesem Problem (Seite 44, Sterilisation).

So schützen Sie die Gesundheit des Hundes

Die Tierklinik

Um Ihren Hund fit und gesund zu halten, muss er regelmäßig untersucht werden, sowohl von Ihnen als auch vom Tierarzt. Tierkliniken sind nicht nur für kranke Tiere da, sie geben viele wertvolle Tipps und praktische Information über Hundepensionen, Hundesalons und Hundesitter. In vielen Tierkliniken gibt es ein Anzeigenbrett mit allen möglichen Informationen. Die Fortschritte in der Tiermedizin haben sich vor allem in den vergangenen zehn Jahren enorm verbessert. Nicht nur Röntgen- und Blutuntersuchungen gehören zur Routine, sondern auch andere moderne Diagnostikhilfen wie Ultraschallgeräte, Magnetresonanzspektroskopie und Computertomographie. Weitere Spezialbehandlungen umfassen:

- Anästhesie
- Orthopädie
- Augenheilkunde
- Endokrinologie
- Dermatologie
- Tierverhalten
- Zahnheilkunde
- Chirurgie
- Radiologie

Manche Hunde können Angst vor dem Tierarzt entwickeln: Wenn dies der Fall ist, besuchen Sie die Tierklinik einfach so und bitten den Tierarzt, den Hund zu belohnen.

Bestimmte Diagnose- und Therapiemethoden gehören heute zum Standardprogramm einer umfassenden Gesundheitsüberwachung. Viele dieser Methoden wurden lange Zeit in der Humanmedizin angewandt, doch der Weg in die Tierarztpraxis ist verhältnismäßig neu.

Manche Tierärzte lassen sich heutzutage z. B. in Akupunktur und Akutherapie ausbilden (Untersuchung und Stimulation bestimmter Punkte am Körper des Tieres durch Akupunkturnadeln, Injektionen, schwache Laserbehandlung, Magnetbehandlung usw.), Chiropraktik (Untersuchung, Diagnose und Behandlung durch Manipulation und Einrenkung bestimmter Gelenke, insbesondere im Wirbelsäulen- und Schädelbereich), Tiermassagetherapie, Homöopathie, Medizin auf pflanzlicher Basis, Ernährungstherapie und Bachblütenessenzen.

Das Immunsystem

Der Körper eines Tieres hat, genau wie der des Menschen, Abwehrmechanismen, die zum Schutz vor Mikroorganismen im Umfeld dienen. Solange das Tier gesund ist, sind sie aktiv, doch bei Stress sind diese Abwehrmechanismen geschwächt.

Die meisten krankheitserregenden Organismen bestehen aus Proteinen. Wenn ein Krankheitserreger die primären Schutzbarrieren passiert hat, entdeckt der Körper schnell „feindliche" Proteine und produziert Antikörper. Diese Antikörper werden von speziellen weißen Blutkörperchen produziert, die hauptsächlich in den Lymphknoten und der Milz vorkommen.

Sie zirkulieren im Blut und attackieren nur den Krankheitserreger (das Antigen). Bei erneutem Kontakt mit dem Erreger, ob durch Umwelt oder Impfung, benötigt der Körper ca. 10 Tage, um Antikörper zu bilden. Beim nächsten Kontakt vollzieht sich dies schneller. Antikörper werden mit der Zeit weniger, doch wenn das Antigen wieder im Körper entdeckt wird (entweder durch Infektion oder Auffrischungsimpfung), erhöht sich die Antikörperbildung sofort.

Eine durch Impfung hervorgerufene Immunisierung ist jedoch nicht so wirkungsvoll wie eine „natürliche Immunisierung" durch Krankheit, weshalb man Impfungen ab und zu auffrischen sollte.

Primäre Schutzbarrieren

- Schleimhäute in der Nase, Luftröhre und Bronchien dienen dazu, Fremdsubstanzen davon abzuhalten, in die Lungen einzudringen.
- Die Leber zerstört Toxine, die durch Bakterien hervorgerufen werden.
- Gesunde Haut enthält natürliche Abwehrstoffe.
- Magensäure tötet viele Organismen ab.
- Organismen werden über Kot und Harn ausgeschieden.
- Schleim an den Innenseiten des Darms wirkt als Barriere.

Passive (mütterliche) Immunisierung

Passive Immunisierung entsteht, wenn ein neugeborenes Tier Antikörper durch seine Mutter erhält. Das Immunsystem eines neugeborenen Tieres ist rudimentär und braucht etwa sechs bis 12 Wochen, um sich voll zu entwickeln. Teilweise erhalten Welpen Antikörper der Mutter im Uterus, doch den größten Teil erhalten sie durch das Kolostrum (erste Muttermilch). Dies ist eine kritische Zeit für das Neugeborene, da es diese Antikörper nur in den ersten beiden Tagen nach der Geburt aufnehmen kann.

Wenn ein Muttertier einen großen Wurf zur Welt bringt, haben die ersten Welpen mehr Gelegenheit, mit diesen Antikörpern versorgt zu werden, als die, die zuletzt herauskommen. Das Immunsystem der einzelnen Welpen kann daher variieren. Das Muttertier kann nur Antikörper gegen Krankheiten oder Impfungen weitergeben, denen es selbst ausgesetzt war.

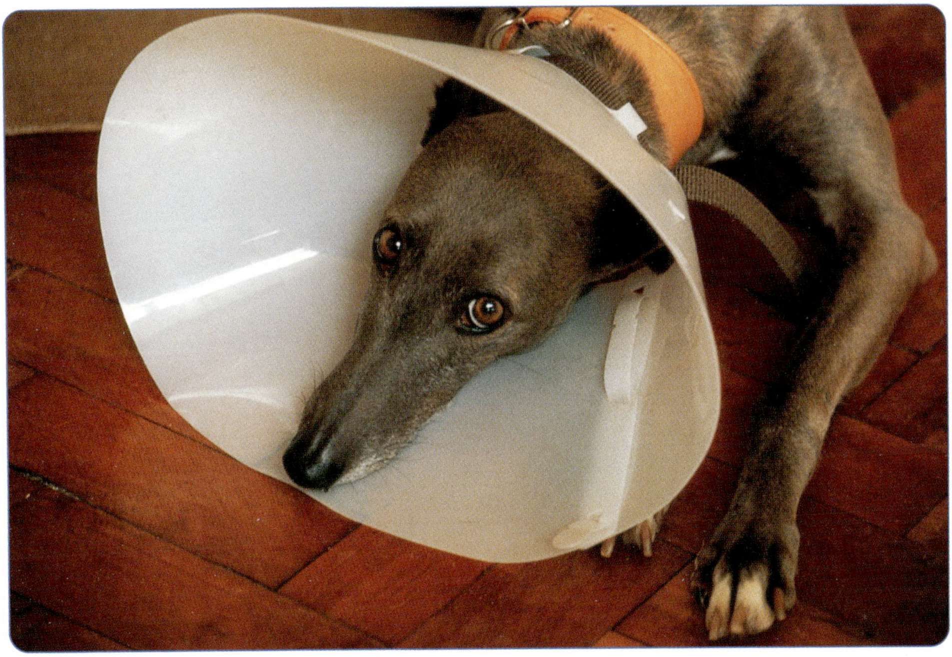

Ein einfacher Halskragen aus Karton oder festem Plastik verhindert, dass sich Ihr Hund durch Kratzen oder Lecken Sekundärinfektionen beibringt.

Ein Muttertier, das nicht geimpft wurde oder nie mit anderen Hunden in Kontakt war, kann weniger Antikörper an seine Welpen weitergeben, wodurch diese schon von Geburt an weniger widerstandsfähig sind. Eine Zuchthündin muss alle Impfungen erhalten und diese sollten auch regelmäßig aufgefrischt werden. Die passive Immunisierung ist nur vorübergehend. Die Anzahl der Antikörper halbiert sich alle sieben Tage und nach drei Monaten sind sie fast verschwunden.

Aktive Immunisierung

Eine aktive Immunisierung erhält das Tier, indem es Antikörper seines eigenen Immunsystems bildet, ausgelöst durch natürliche Krankheitserreger oder Impfung. Während der passiven Immunzeit sind Welpen vor Krankheit geschützt, ihr eigenes Abwehrsystem wird daher vielleicht nicht auf eine Impfung ansprechen. Manche Impfstoffe bestehen jedoch aus Substanzen, die die passive Immunisierung übertrumpfen und das eigene Immunsystem des Welpen stimulieren. Manche Welpen können ihre passive Immunisierung verlieren, bevor sie drei Monate alt sind. Sie riskieren, einen Virus zu bekommen, wenn sie nicht geimpft werden. Welpen eines regelmäßig geimpften Muttertieres sollten daher eine Impfung mit neun Wochen und eine weitere im Alter von drei Monaten erhalten. Bei erhöhtem Risiko kann mit sechs Wochen geimpft werden und dann alle 14 Tage bis zum Alter von drei Monaten. Sprechen Sie mit Ihrem Tierarzt.

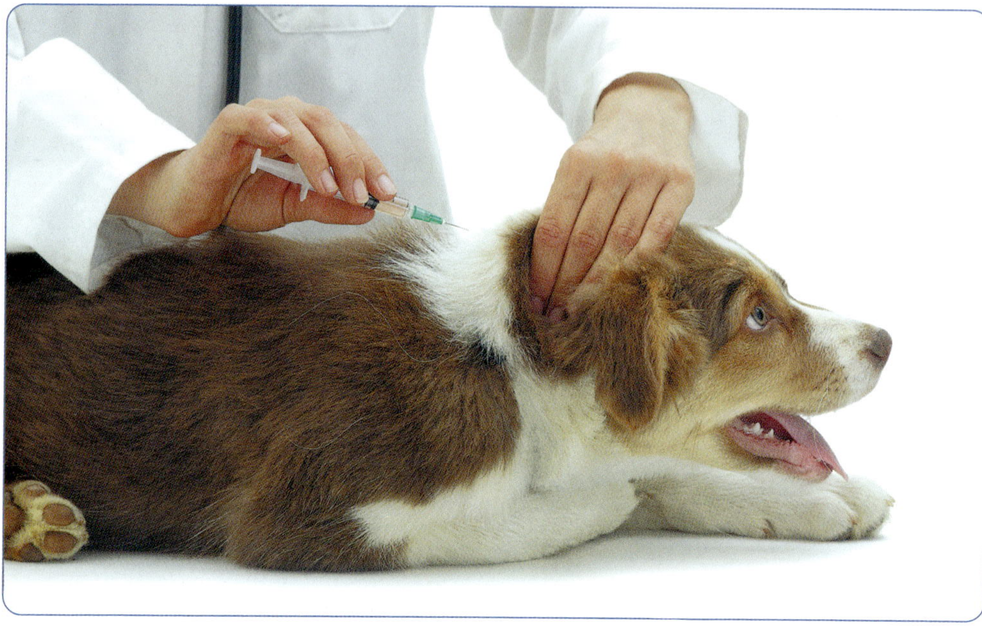

Impfungen erfolgen entweder subkutan oder als Nasentropfen. Ihr Tierarzt gibt Ihnen Hinweise, welche Impfungen für Ihren Hund notwendig sind.

Im Alter von sechs Wochen erhalten Welpen in der Regel beim Züchter eine erste vorübergehende Impfung gegen Hundestaupe, Hundehepatitis und Parvovirose. Im Alter von neun Wochen sollte er erneut gegen Staupe, infektiöse Hundehepatitis, Parvovirose und Zwingerhusten geimpft werden. Je nachdem, wo Sie leben, ist es ratsam, ihn gegen weitere Krankheiten wie z. B. Leptospirosis und Tollwut impfen zu lassen. Drei Wochen später muss diese Impfung aufgefrischt werden. Es können Wirkstoff-Kombinationen geimpft werden, wodurch sich die Anzahl der Impfungen verringert. Sprechen Sie mit Ihrem Tierarzt.

Hundestaupe

Dies ist die erste Viruserkrankung bei Hunden, für die ein spezieller Impfstoff entwickelt wurde. Der Staupevirus befällt auch Frettchen, Füchse, Waschbären und Wölfe. Einstmals war er tödlich, doch heute kommt er dank Routineimpfungen in vielen Ländern gar nicht mehr vor. Früher trat er meist bei Jungtieren auf, heute, wenn überhaupt, bei ausgewachsenen Hunden, wenn das Impfprogramm nicht aufrechterhalten wurde.

Symptome sind Appetitmangel, Atemwegsinfektionen, Halsschmerzen, Husten und Fieber. Dicker gelber Eiter kann aus Nase und Augen austreten. Darmerkrankung und Durchfall können ebenfalls damit einhergehen. Der Virus kann das Nervensystem angreifen und Hunde, die sich von der Krankheit erholen, tragen häufig eine bleibende Schädigung des Nervensystems davon.

Erkrankte Welpen zeigen oft eine deformierte Emailleschicht ihrer permanenten Zähne. Manche Hunde bekommen harte Fußballen.

Parvovirose

Diese Krankheit ist einer Darmentzündung bei Katzen ähnlich und könnte durch eine Mutation dieses Virus entstanden sein. Der Parvovirus trat in den späten 70ern zum ersten Mal auf und verbreitete sich rasch um die ganze Welt. Ansteckung erfolgt von Hund zu Hund durch infizierten Kot an Fell und Füßen. Doch auch Menschen können ihn weiterverbreiten durch verschmutzte Kleidung und Schuhwerk. Der Virus ist sehr resistent und kann bei Welpen eine Entzündung des Herzmuskels hervorrufen. Das führt meist zum Tod. Bei älteren Hunden löst er Fieber und Darmentzündung (mit Durchfall und Erbrechen) aus. Die Sterblichkeitsrate liegt bei ca. 10 Prozent.

Infektiöse Hundehepatitis

Diese Virusinfektion befällt meist junge Hunde und kann schwere Leberschäden hervorrufen. Manche Hunde zeigen keine Symptome, andere sind über einen längeren Zeitraum in schlechtem Allgemeinzustand. In beiden Fällen wird der Virus durch den Harn auf andere Hunde übertragen. Symptome können leichtes Fieber sein, aber auch schwere Krankheit und Tod innerhalb weniger Stunden. Infizierte Hunde leiden an Appetitlosigkeit, großem Durst, Flüssigkeitsaustritt aus Augen und Nase und blutigem Durchfall. Früherkennung und Behandlung sind wichtig. Hunde, die diese Krankheit überleben, entwickeln Hornhauttrübung, wobei die Augen bläulich schimmern.

Zwingerhusten

Zwingerhusten ist eine leichte Krankheit, kann Hunde jeden Alters befallen und von einer Reihe ansteckender Krankheitserreger, einschließlich dem Bakterium Bordetella bronchiseptica und dem Parainfluenza-Virus, hervorgerufen werden. Eine Entzündung der Luftröhre und Bronchien zeigt sich in „trockenem“ Husten und Würgen.

Zwingerhusten ist äußerst ansteckend und wird durch Feuchtigkeitströpfchen, die von infizierten Tieren in die Luft gehustet werden, übertragen. Daher ist er hochgradig ansteckend unter Hunden, die auf engem Raum zusammenleben wie in einem Zwinger, Tierkliniken und Tierheimen. Die größte Ansteckungsgefahr besteht im Sommer, da Hunde in dieser Zeit am häufigsten in Hundepensionen gegeben werden. Zwingerhusten ist störend, aber nicht lebensbedrohlich, doch der trockene Husten kann sich bis zu drei Wochen halten. Er wird oft schlimmer, wenn der Hund sich aufregt.

Es gibt Impfstoffe, die entweder subkutan oder als Nasentropfen gegeben werden. Die meisten Hundepensionen akzeptieren Hunde mit Zwingerhusten nur, wenn sie kurz zuvor geimpft wurden.

Leptospirosis

Leptospirosis ist eine weitere Krankheit, gegen die in vielen Ländern routinemäßig geimpft wird. Es gibt verschiedene Arten von Leptospira-Bakterien, die immer durch infizierten Harn übertragen werden. Leptospirosis ist ansteckend für Menschen. Symptome hängen von der Bakterienart ab, Leptospira canicola befällt z. B. die Nieren und hat meist chronische Nierenerkrankung zur Folge. In schweren Fällen wird der Hund lethargisch, hat schlechten Atem (durch Harnstoffansammlung im Blut), Geschwüre im Maul und erbricht. Er muss mit Antibiotika behandelt werden. Der Flüssigkeitsverlust im Körper muss ausgeglichen werden.

Leptospira icterohaemorrhagiae wird oft durch Ratten hervorgerufen. Er befällt die Leber und ist sehr gefährlich. In akuten Fällen kann die Krankheit innerhalb kürzester Zeit zum Tode führen. Alarmzeichen sind Lethargie, Erbrechen, blutiger Durchfall und Gelbsucht. Früherkennung und Behandlung einschließlich Ersatz des Flüssigkeitsverlusts sind wichtig.

Die menschliche Gesundheit und Leptospirosis

Leptospirosis ist nur eine von wenigen Krankheiten, die auf den Menschen übertragen werden können. Nach Hundekontakt Hände immer waschen. Wenn Sie einen Hund mit Leptospirosis anfassen müssen, bitte nur mit Gummihandschuhen.

Tollwut

In Ländern, wo Tollwut vorkommt, wird routinemäßig dagegen geimpft. Tollwut kann jedes Säugetier befallen und ist fast immer tödlich. Die Krankheit wird durch den Speichel infizierter Tiere übertragen, für gewöhnlich durch Bisse oder durch Kontakt infizierten Speichels mit den Nasen-, Mund- und Augenschleimhäuten bzw. Wunden. In Europa sind Füchse, in Nordamerika Waschbären, Fledermäuse, Stinktiere, Füchse und Koyoten und in Lateinamerika Hunde die Hauptüberträger. Die Inkubationszeit liegt zwischen zwei Wochen und sechs Monaten. Der Virus verbreitet sich über die Nerven zum Gehirn, wo er Gehirnhautentzündung hervorruft. Im letzten Stadium wandert der Virus in die Speicheldrüsen. Im Frühstadium ruft Tollwut verändertes Verhalten hervor – z. B. Nachttiere werden bei Tag gesehen, wilde Tiere verlieren ihre natürliche Scheu vor Menschen und friedliche Tiere werden plötzlich aggressiv. Hunde mit Tollwut werden lichtscheu. Tiere, die aggressive Symptome zeigen, sind äußerst gefährlich und man sollte sich ihnen nur mit Vorsicht nähern. Sechs Tage nach Auftreten der Symptome fallen sie normalerweise ins Koma und sterben.

Weitere Symptome sind Lähmungen im Nacken- und Wangenbereich, die dem Tier Schluckbeschwerden bereiten. Speichel sabbert aus dem Maul. Ein Hund mit Tollwut fällt meist zwei Wochen nach Infizierung ins Koma und stirbt.

Vorbeugung

In Ländern, wo Tollwut vorkommt, müssen Hunde und Katzen regelmäßig geimpft werden. Viele Inselnationen, in denen diese Krankheit nicht vorkommt (Hawaii, Australien und Neuseeland), haben strikte Quarantänegesetze. Nach Großbritannien dürfen geimpfte Tiere unter bestimmten Bedingungen einreisen.

Mögliche Virenübertragung durch:

Insekten- oder Tierbisse

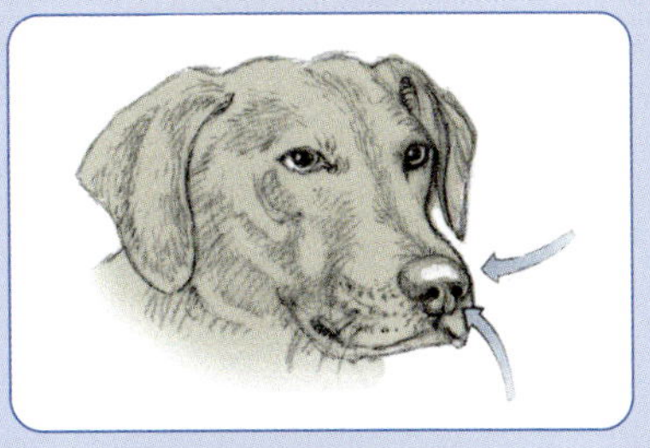

Einatmen virusverseuchter Luft

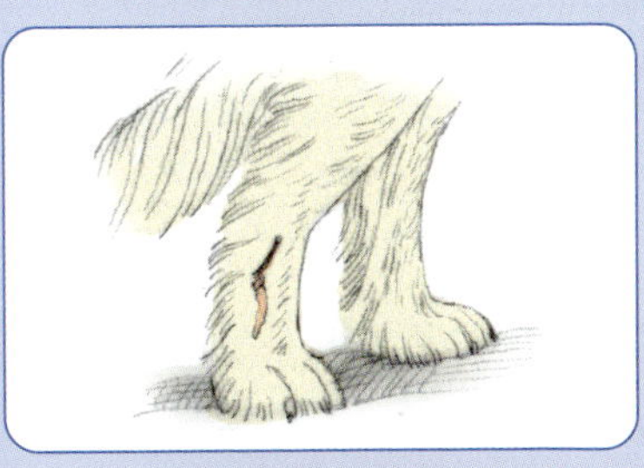

direkten Kontakt mit offenen Wunden

direkten Kontakt

verseuchte Milch des Muttertiers

Fressen verseuchten Futters

Da Viren auf verschiedene Weise übertragen werden können, ist es oft nicht leicht, herauszufinden, wodurch sich der Hund angesteckt hat.

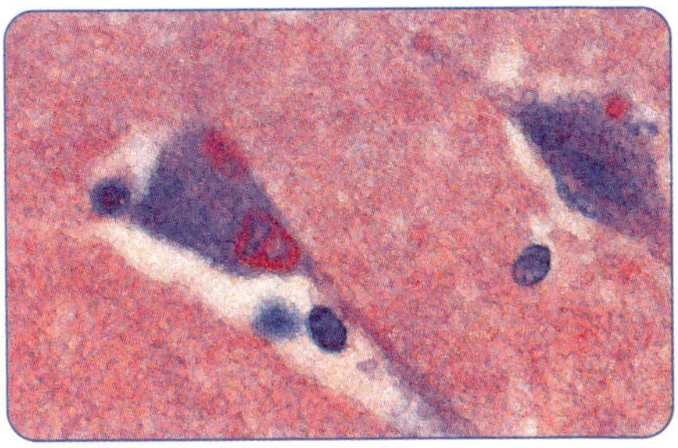

Die kleinen roten Partikel dieser mikroskopischen Ansicht eines Hundehirns deuten auf Tollwutinfektion hin.

Vorbeugen

Wenn Ihr Hund mit einem anderen Säugetier, das Tollwutüberträger ist, rauft, könnten sich Speichelspuren auf seinem Fell oder in seinen Wunden zeigen.

- Versuchen Sie nicht, das attackierende Tier einzufangen.
- Seien Sie sehr vorsichtig, wenn Sie Ihren Hund anfassen.
- Erlauben Sie so wenig wie möglich Personen, in Kontakt mit ihm zu kommen.
- Wenden Sie sich an entsprechende Tierorganisationen.
- Bringen Sie Ihren Hund zum Tierarzt.
- Wenn Ihr Hund gegen Tollwut geimpft ist, erkundigen Sie sich, ob eine Auffrischung innerhalb 72 Std. notwendig ist (in den USA zwingend).

Wenn Sie sich in den USA nicht daran halten, wird Ihr Hund 6 Monate in einer Tierklinik in Quarantäne gebracht oder eingeschläfert, es sei denn, das attackierende Tier testet negativ.

Wenn Sie von einem tollwutverdächtigen Tier gebissen worden sind oder wenn Speichel eines solchen Tieres in eine offene Wunde gerät oder mit Ihren Augen-, Nasen- oder Mundschleimhäuten in Kontakt kommt, waschen Sie den Bereich mit Haushaltsreiniger oder Seife. Dieser tötet den Virus besser als Desinfektionsmittel. Danach begeben Sie sich sofort in ärztliche Behandlung und lassen sich impfen.

Routinemäßige Tollwutvorbeugung

- Locken Sie keine Wildtiere mit Futter in Ihren Garten.
- Rufen Sie den Tierschutz, wenn Sie glauben, dass sich ein tollwutbefallenes Tier auf Ihrem Anwesen befindet.
- Lassen Sie keine Fledermäuse auf dem Dachboden oder im Kamin nisten.
- Versuchen Sie nicht, Wildtiere einzufangen.
- Fassen Sie keine toten oder streunenden Tiere an.
- Wenn Sie zu einer Risikogruppe gehören, weil Sie tote Tiere anfassen müssen oder mit Nervengewebe zu tun haben oder wenn Sie in einem Tollwutgebiet wohnen, sprechen Sie mit Ihrem Hausarzt, ob er eine Impfung für ratsam hält.

Dieser streunende, acht Wochen alte Mischling litt unter Spulwurmbefall, als er in seinem neuen Zuhause ankam. Nach sechs Wochen Behandlung war er völlig gesund.

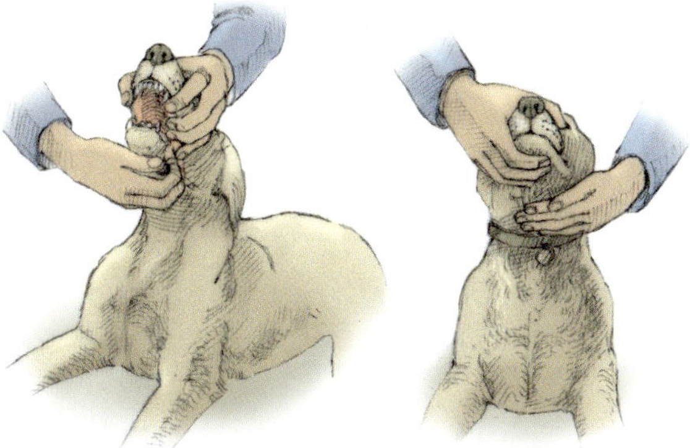

Um Ihrem Hund eine Tablette zu verabreichen, halten Sie sein Maul geöffnet und legen eine Tablette so weit wie möglich nach hinten auf seine Zunge. Dann Maul zudrücken und Kopf nach hinten drücken, bis die Tablette geschluckt ist.

Parasiten

Hunde können eine Menge Parasiten haben, wobei zwischen internen und externen Parasiten unterschieden wird (wie z. B. Flöhe oder Milben). Die meisten Parasiten sind wirtspezifisch, d. h., sie infizieren nur eine bestimmte Spezies. Ausnahmen sind der Katzenfloh sowie Rinder- und Schafszecken, die auch Hunde befallen können.

Würmer

Hunde können von Würmern befallen werden. Die häufigsten sind: Spul-, Haken-, Band-, Peitschen-, Lungen- und Herzwürmer.

Spulwürmer

Die zwei bekanntesten Spezies bei Hunden sind Toxocara canis und Toxascaris leonina.

Toxocara canis bedarf genauerer Betrachtung, da Welpen im Uterus davon befallen werden können. Infizierte Muttertiere haben Spulwurmlarven in Muskulatur und anderem Gewebe, die jedoch bei Wurmbehandlungen unbeeinträchtigt bleiben.

Hormone während der Trächtigkeit aktivieren die Larven. Sie gelangen in den Darm und entwickeln sich zu Würmern. Andere wandern in den Uterus und die Lungen der ungeborenen Welpen. Mit der Milch des Muttertieres werden die Larven ebenfalls ausgeschieden. Dadurch wird meist der ganze Wurf infiziert.

In den Folgewochen werden die Welpen zusätzlich infiziert, indem sie Wurmeier fressen, die vom Muttertier mit dem Kot ausgeschieden wurden. Bei einem infizierten Welpen wandern die Larven durch die Darmwand über die Leber in die Lungen. Der Welpe hustet und bekommt Atembeschwerden – vielleicht sogar Lungenentzündung.

Von den Lungen gelangen die Larven ins Blut, nisten sich in Muskulatur und anderem Gewebe ein und bilden Zysten. Andere werden abgehustet und geschluckt. Wenn der Welpe zwei Wochen alt ist, haben sich die Larven zu Würmern entwickelt und legen Tausende von Eiern.

Manchmal sind Würmer im Kot des Welpen sichtbar – sie infizieren wiederum das Muttertier, wenn es den Welpen sauber leckt. Welpen, die stark befallen sind, haben struppiges Fell, ihr Wachstum ist verzögert und sie leiden an einem aufgeblähten Wurmbauch. Spulwürmer können Magen- und Darmverschluss hervorrufen.

Toxocara canis kann sich auch „indirekt“ weiterverbreiten. Ein anderes Tier dient als Zwischenwirt und die Larven entwickeln sich erst, wenn es von einem Hund gefressen wird.

Eine Infektion durch Toxascaris leonina ist weniger problematisch, da die Larven nicht in Lunge und Gewebe wandern, sondern sich im Darm des Muttertieres entwickeln. Welpen werden durch diesen speziellen Spulwurm nicht infiziert.

Behandlung

Man kann davon ausgehen, dass Muttertiere und Welpen immer zu einem gewissen Grad verwurmt sind. Daher beginnt man mit der Behandlung am besten so früh wie möglich. Manche Tierärzte empfehlen 14-tägige Behandlung. Die erste Entwurmung sollte im Alter von zwei bis drei Wochen stattfinden und zwar in ein- bis zweiwöchigen Abständen, bis der Welpe drei Monate alt ist. In den folgenden drei Monaten können die Abstände einen Monat betragen, danach sollte konsequent vierteljährlich entwurmt werden.

Der Lebenszyklus von Spulwürmern und ihre Interaktion mit Wirten und Menschen

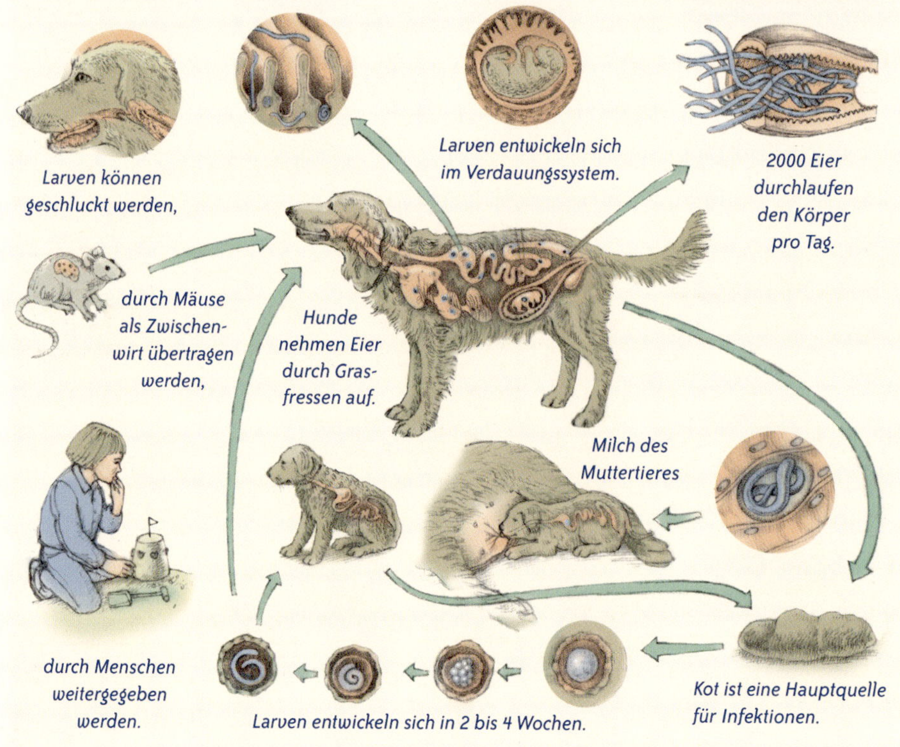

Die Tierklinik empfiehlt eine entsprechende Wurmkur. Da Menschen, insbesondere Kinder, gefährdet sind, wird empfohlen, nach Hundekontakt die Hände immer gründlich zu waschen.

Kot eines säugenden Muttertieres und seiner Welpen muss sehr sorgfältig entfernt werden. Verbrennen Sie ihn im Garten oder spülen Sie ihn in der Toilette weg. Bitte nicht vergraben oder in den Kompost geben. Spulwürmer können im richtigen Milieu jahrelang überleben.

Würmer und Menschen

Die Eier von Spul- und Hakenwürmern können auch dem Menschen gefährlich werden. Welpen sind oftmals davon infiziert und Kinder, ganz besonders, wenn sie sich noch im Daumenlutschalter befinden, sind gefährdet. Hunde mit Spulwurmeiern scheiden diese über den Kot aus. In Gras und Erde, sei es der eigene Garten oder öffentliche Anlagen, können sich Spulwurmeier über Jahre halten. Wenn sie in den menschlichen Organismus gelangen, entwickeln sich Spulwurmeier zu Larven. Diese Larven wandern durch den Körper und richten erheblichen Schaden an, da sie das Körpergewebe durchdringen. Die Krankheit heißt Toxocariasis. Die Symptome sind verschieden, je nachdem, welches Gewebe davon befallen wird. Besonders gerne verkapseln sich Larven im Augenhintergrund, wo sie eine Beeinträchtigung des Sehvermögens bis zu Blindheit hervorrufen.

Eine sorgfältige Hygiene wie Händewaschen nach Hundekontakt ist unabdingbar. Lassen Sie nicht zu, dass Ihr Hund jemandem das Gesicht leckt oder von Geschirr frisst, das von der Familie benutzt wird. Bei Hakenwurminfektion bohren sich Larven in die Haut des Menschen und hinterlassen eine unregelmäßige Wölbung (Hautmaulwurf).

Zwei verschiedene Bandwurmarten können vom Hund auf den Menschen übertragen werden: der Hundebandwurm (Echinococcus granulosus) und der Kürbiskernbandwurm (Dipylidium caninum). Der Kürbiskernbandwurm ist relativ harmlos, doch der Hundebandwurm kann tödlich sein. Sogenannte Hydatidenzysten entwickeln sich in Leber und Lunge, weniger häufig in Herz, Nieren und Nervenzentrum. Meist werden Kinder davon befallen. Da die Zysten langsam wachsen, können Jahre vergehen, bis die Krankheit entdeckt wird.

Hunde- und Katzenflöhe (Ctenocephalides canis und Ctenocephalides felis) beißen Menschen. Leichte Hautreaktionen, manchmal auch allergische, heftige Hautausschläge sind die Folge . Konsequente Flohbekämpfung ist der beste Schutz.

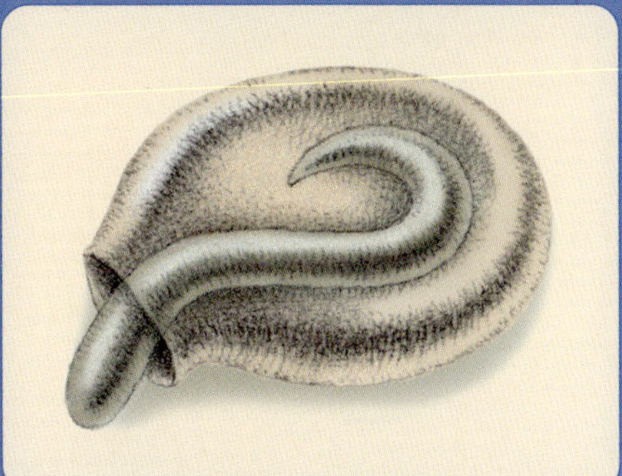

Hakenwürmer

Hakenwürmer besitzen Zähne, mit denen sie sich in der Darmschleimhaut des Hundes festbeißen und Blut saugen. Es gibt mehrere Arten, wobei Ancylostoma caninum in tropischem und subtropischem Klima am häufigsten vorkommen und Uncinaria stenocephala in Europa, Großbritannien, Kanada und den nördlichen USA. Adulte Hakenwürmer legen Eier, die mit dem Kot ausgeschieden werden. Larven schlüpfen und in warmem, feuchtem Milieu öffentlicher Parks und schlecht gepflegter Zwinger vermehren sie sich ideal. Hunde werden entweder durch Schlucken der Larven infiziert oder indem diese die Haut zwischen den Zehen durchbohren, was zu Juckreiz und Dermatitis führt. Hakenwürmer können auch menschliche Haut durchdringen.

Welpen können durch Larven in der Muttermilch infiziert werden, ähnlich wie bei Toxocara canis. Wenn ein Muttertier damit infiziert ist, wandern die Larven durch das Körpergewebe und bilden Zysten in der Muskulatur, wo sie sich verkapseln, bis sie durch Hormone während der Trächtigkeit aktiviert werden und in die Milchdrüsen wandern.

Symptome sind vermindertes Wachstum bei Welpen und Verdauungsstörungen bei ausgewachsenen Hunden sowie Anämie. Die Behandlung ist dieselbe wie bei Spulwurmbefall.

Der Peitschenwurm schlüpft im Körper der Hundes aus dem Ei.

Peitschenwürmer

Trichuris vulpis hat einen „direkten“ Lebenszyklus, wobei die Eier des adulten Wurms mittels Nase oder Zunge aufgenommen werden. Bei Befall mit Peitschenwürmern leidet der Hund unter Gewichtsverlust, Abgeschlagenheit, Durchfall und in schlimmen Fällen unter Anämie. Welpen weisen eine verzögerte Entwicklung auf.

Bandwürmer

Der Lebenszyklus des Bandwurms ist „indirekt“, wobei ein anderes Tier (ein sogenannter Zwischenwirt) die Wurmeier zunächst fressen muss, bevor sich die Larven weiterentwickeln. Wenn der Hund den Zwischenwirt frisst, schließt sich der Lebenszyklus, indem sich adulte Würmer entwickeln.

Einer der häufigeren Arten ist der Kürbiskernbandwurm Dipylidium caninum, der durch Flöhe als Zwischenwirt übertragen wird. Erste Anzeichen für eine Infektion sind Bandwurmglieder, wobei am After abgehende Glieder meist gut zu erkennen sind, bzw. auf dem Hundelager oder im Kot. Anfangs sehen sie aus wie Kürbiskerne, getrocknet gleichen sie eher einem Reiskorn.

Wenn Ihr Welpe drei Monate alt ist, sollte er monatlich gegen Band- und Spulwürmer behandelt werden, bis er ein halbes Jahr alt ist. Danach muss er regelmäßig alle drei Monate entwurmt werden.

Viele Wurmkuren sind nur für einen speziellen Parasiten geeignet. Sprechen Sie mit Ihrem Tierarzt. Zur Vorbeugung überprüfen Sie das Fell Ihres Hundes immer sorgfältig auf Flöhe. Der Hundebandwurm Echinococcus granulosus kommt in Großbritannien zwar nicht vor, ist jedoch sehr ernst zu nehmen, vor allem auch, weil er dem Menschen gefährlich werden kann. Der Wurm selbst ist nur 7 mm lang, doch ein infizierter Hund kann über tausend Würmer in sich tragen. Seine Eier werden über den Kot ausgeschieden und gelangen in verschiedene Zwischenwirte, u. a. auch Schafe und Menschen.

Der Lebenszyklus des Hundebandwurms

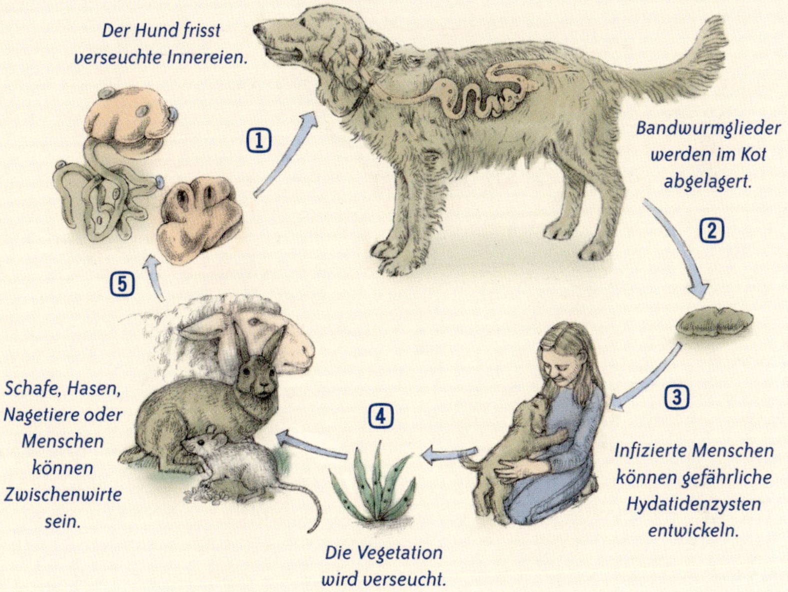

Im Zwischenwirt entwickeln sich die Eier zu Larven, die Zysten im Gewebe bilden, speziell in Leber und Lunge. Vor allem Arbeitshunde, die auf Farmen, insbesondere Schaffarmen, leben, riskieren eine Infektion mit diesem Bandwurm, da sie oftmals verseuchte Innereien fressen. In Ländern, wo es zu Infektionen mit diesem Bandwurm kam wie z. B. in Wales und Neuseeland, waren rohe Innereien für Hunde verboten und es bestand regelmäßige Entwurmungspflicht.

Lungenwürmer

Lungenwürmer (Filaroides osleri) haben ebenfalls einen „direkten" Lebenszyklus. Adulte Würmer entwickeln kleine Knötchen (2 mm) in Luftröhre und Bronchien des Hundes. Sie legen Eier, die abgehustet und dann entweder geschluckt oder über den Kot ausgeschieden werden. Eine leichte Lungenwurminfektion kann unentdeckt bleiben. Bei schwerer Infektion treten Symptome wie Gewichtsverlust und hartnäckiger Husten auf, selbst bei leichter Bewegung. Die Behandlung kann schwierig werden, obwohl heute verschiedene Produkte auf dem Markt sind. Fragen Sie Ihren Tierarzt.

Herzwürmer

Der Herzwurm wird durch bestimmte Stechmücken von Hund zu Hund übertragen. Larven des Herzwurms (sogenannte Mikrofilarien) zirkulieren im Blutkreislauf eines infizierten Hundes. Die Stechmücke nimmt die Mikrofilarien auf und überträgt sie bei einem Biss auf einen anderen Hund. Diese werden über den Blutstrom in Herz, Lunge und große Blutgefäße transportiert, wo sie sich zu Würmern entwickeln und die nächste Generation produzieren. Es kann sechs bis sieben Monate dauern, bis Mikrofilarien im Blut eines Hundes entdeckt werden, weshalb sie meist erst in Hunden über einem Jahr festgestellt werden.

Im Anfangsstadium treten kaum Symptome auf, doch später können diese Parasiten die Herzwand des Hundes schädigen und die Herz- und Blutzirkulation beeinträchtigen. Ein infizierter Hund verliert an Gewicht, wird lethargisch und ermüdet leicht. Er hustet dauernd, wird anämisch und bekommt einen dicken Bauch. Schließlich kommt es zu Herzversagen.

Wenn Sie in einer Gegend leben, wo dieser Parasit vorkommt, muss Ihr Hund eventuell regelmäßig gegen Herzwürmer geimpft werden. Sprechen Sie mit Ihrem Tierarzt. Durch mikroskopische Blutuntersuchungen können Mikrofilarien festgestellt werden, doch die Hälfte der infizierten Hunde weisen keine zirkulierenden Mikrofilarien auf, sodass weitere Tests notwendig werden, um sicher festzustellen, ob Ihr Hund von Herzwürmern befallen ist.

Für nicht infizierte Hunde gibt es eine Reihe von Präparaten, um Herzwurmbefall zu verhindern. Die Behandlung von infizierten Hunden kann ernste Nebenwirkungen hervorrufen, da tote Würmer im Blutstrom zu einer Blockierung der Blutgefäße führen können.

Infektionen durch Einzeller

Toxoplasmose

Toxoplasmose wird durch den einzelligen Parasiten Toxoplasma gondii hervorgerufen. Er kommt bei Katzen häufig vor und kann sich auf den Menschen übertragen. Toxoplasmoseinfektionen bei Hunden sind relativ selten, können jedoch auftreten, wenn der Hund mit infiziertem Katzenstuhl in Berührung kommt.

Wie kann sich der Mensch infizieren?

- durch Kontakt mit infiziertem Katzenkot oder verseuchter Gartenerde
- durch ungewaschene Früchte und Gemüse, die mit verseuchter Erde in Berührung kamen
- durch Essen von rohem oder nicht gar gekochtem Fleisch (vor allem Schaffleisch)
- durch Konsum von unpasteurisierter Ziegenmilch, -joghurt oder -käse.

Der Lebenszyklus des Herzwurms

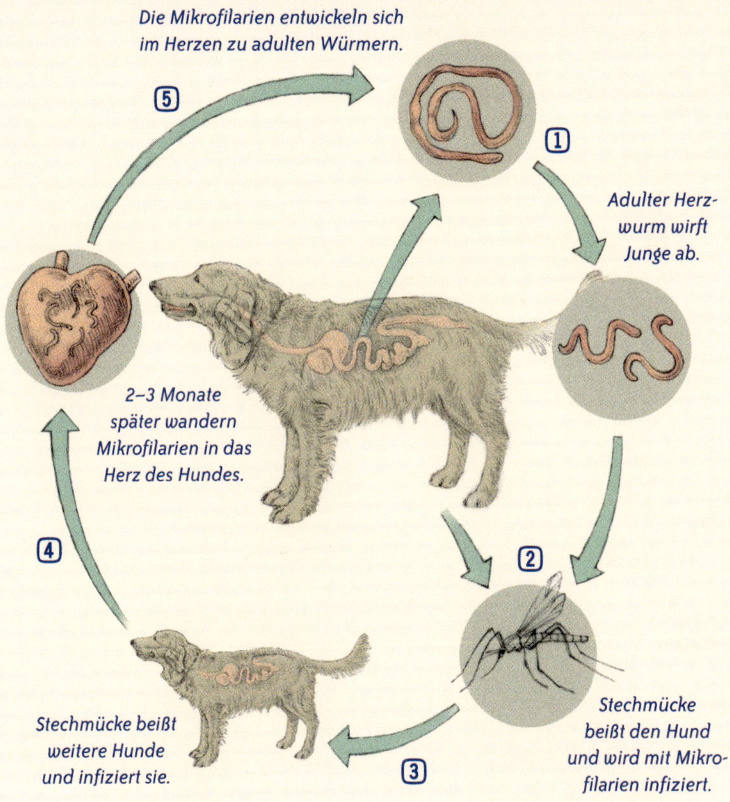

Fünfzig Prozent der Menschen sind dem Risiko ausgesetzt, irgendwann in ihrem Leben infiziert zu werden. Die Infektion kann unentdeckt bleiben oder nur „grippeähnliche Symptome“ hervorrufen. Der Parasit kann sich jedoch auch im Gewebe verkapseln und Entzündungen hervorrufen. Toxoplasmose ist besonders für Schwangere gefährlich, da sie zu Fehlgeburt oder zu einer Vergiftung des Babys im Uterus führen kann. Das Neugeborene kann blind oder geistig behindert sein.

Katzenstreu sollte routinemäßig alle zwei Tage erneuert werden.

Kokzidiose

Vier Arten können Hunde befallen, sie ist jedoch selten. Das größte Risiko besteht für Junghunde. Symptome sind Durchfall, Dehydrierung und Gewichtsverlust. Wenn Kokzidiose im Kot nachgewiesen wird, muss der Hund behandelt werden.

Giardia intestinalis

Der einzellige Parasit Giardia lamblia kommt weltweit vor und kann Menschen und die meisten Haustiere befallen. Der Parasit hält sich hauptsächlich im Darmepithel auf und beeinträchtigt die Verdauung. Es kommt zu Zystenbildung, die durch den Kot ausgeschieden und dadurch zur erneuten Infektionsquelle wird. Symptome variieren von leichtem bis schwerem Durchfall, was manchmal zu Gewichtsverlust führt.

Der Parasit kann durch die Laboruntersuchung einer Kotprobe nachgewiesen und medikamentös behandelt werden.

Untersuchen Sie

Untersuchen Sie Ihren Welpen so bald wie möglich auf Flöhe, auch wenn er nicht den Eindruck macht, dass er welche hat. Ihr Tierarzt kann Ihnen dabei wertvolle Hinweise geben. Ein Hund muss sein Leben lang auf Flöhe untersucht werden. Sollten Sie eine Katze haben, untersuchen Sie sie gründlich, da der Katzenfloh am häufigsten bei Hunden vorkommt.

Leider ein bekannter Anblick: ein Hund, der sich verzweifelt am Ohr kratzt. Nicht nur der Hund muss behandelt werden, auch andere Haustiere und Ihr Haus.

Zu Spitzenzeiten kann ein Floh bis zu 50 Eier am Tag legen. Die Eier kullern auf Teppich und Hundelager – und Ihr Bett, wenn Sie nicht vorsichtig sind.

Flöhe sind nicht nur auf dem Wirt zu finden, sondern auch in dessen Umfeld.

Die Behandlung muss auf zwei Dinge abzielen:

- Abtöten erwachsener Flöhe auf dem Hund und in dessen Umfeld
- Unterbrechung des Lebenszyklus durch Abtöten der Floheier und Larven im Umfeld

Flöhe sind eine Parasitenquelle (Bandwurm) und können Krankheitsüberträger von Beulenpest und Typhus sein.

Der erwachsene Floh saugt sich zwei bis drei Tage lang voll mit Blut, wobei er auf das Fünfzehnfache seines Körpergewichts anwächst. Dann legt er bis zu 50 Eier pro Tag. Ein Floh kann Hunderte von Eiern in seinem Leben legen. Die Eier kleben nicht aneinander und fallen normalerweise auf den Boden, den Teppich, das Hundelager usw.

Aus den Eiern schlüpfen Larven, die in Ritzen kriechen und sich von organischen Abfällen ernähren, einschließlich Hautschuppen und Flohkot (der schlecht verdautes Blut enthält). Flohlarven können sehr resistent gegen die meisten Insektizide sein. Warmes, feuchtes Klima beschleunigt die Larvenentwicklung. Sie schlüpfen auf einem potenziellen Wirt innerhalb einer Sekunde. Frisch geschlüpfte Flöhe können bis zu einem halben Meter springen, was etwa dem 1200fachen ihrer Körpergröße entspricht. Um sich zu ernähren, springen sie auf einen Wirt (Hund, Katze, Mensch). Unter idealen Bedingungen dauert ein kompletter Zyklus nur drei Wochen.

Behandlung des Tieres

Bei Flohbehandlung werden die erwachsenen Flöhe und Eier, die vielleicht noch im Fell des Hundes hängen, abgetötet. Es gibt viele gute Präparate, die 95 bis 100 Prozent der Flöhe auf Hunden und Katzen innerhalb von 12 Stunden abtöten. Die Präparate, die auch bis zu 99 Prozent der Flohlarven abtöten, wirken etwa einen Monat lang. Es genügt jedoch nicht, nur Ihren Hund zu behandeln. Wenn Sie eine Katze haben, muss auch diese behandelt werden, ebenso das gesamte Umfeld.

Behandlung des Umfelds

Da Flöhe nur eine kurze Zeit ihres Lebenszyklus direkt auf dem Hund verbringen, ist es wichtig, auch das unmittelbare Umfeld zu behandeln.

Regelmäßiges Staubsaugen von Teppichen und Ritzen in Holzfußböden trägt erheblich zur Flohbeseitigung bei. Andererseits sorgt dies für eine Konzentration von Larven und organischem Material im Staubsaugerbeutel.

Wenn es sich um einen Wegwerfbeutel handelt, verbrennen Sie diesen. Wenn nicht, legen Sie ein Flohband hinein.

Es gibt Flohfallen für zu Hause. Permethrin tötet erwachsene Flöhe ab und Methoprene verhindert das Wachstum von Flohlarven.

Diese Stoffe halten sich bis zu neun Monaten im Teppich und verhindern die Entwicklung von Floheiern und -larven.

Eine wirklich effektive Flohbehandlung hat nur Sinn, wenn Sie das gesamte Haus behandeln. Aquarien und Zimmerpflanzen müssen hierfür entfernt werden. Dann platzieren Sie eine Flohfalle und schließen die Räume für mindestens zwei Stunden. Danach müssen die Räume gut gelüftet werden (30 Minuten), bevor sie von Menschen und Haustieren betreten werden. Befolgen Sie die Instruktionen auf den Beipackzetteln der Produkte genau. Manche Teppichshampoos enthalten Insektizide und töten Flöhe ab.

Hautentzündung durch Flohbisse

Viele Hunde (und Katzen) sind allergisch gegen Flohspeichel. In gemäßigten Klimazonen nennt man es oft „Sommerekzem". Selbst ein einziger Flohbiss kann eine extreme Reaktion hervorrufen. Der Hund kratzt und beißt sich und muss in vielen Fällen vom Tierarzt behandelt werden, um eine Infektionsgefahr zu verhindern und den Heilungsprozess voranzutreiben.

Zecken

Zecken befallen meist Schafe und Rinder sowie einige Wildtiere. In gemäßigteren Klimazonen sind Zecken eher in den Sommermonaten aktiv. Sie können sich mit der Mundpartie in die Haut des Hundes bohren und sich mit Blut vollsaugen. Wenn sie sich bis zu Erbsengröße vollgesaugt haben, fallen sie ab. Sie können so ohne weitere Ernährung bis zu zwei Jahre überleben.

Wenn Sie in einer Zeckengegend leben oder wenn Sie mit Ihrem Hund auf dem Land spazieren waren, untersuchen Sie die Haut Ihres Hundes danach gut, um einen eventuellen Zeckenbefall sofort feststellen zu können. Schenken Sie Ohren, Kopf, Nacken, Schultern und dem Bereich zwischen den Vorderläufen besondere Beachtung. Bedenken Sie, dass eine Zecke bereits abgefallen sein könnte und nur noch ein Ausschlag um die Bisswunde herum sichtbar sein könnte. Eine Zecke zu entfernen ist nicht immer einfach. Es muss immer der Kopf entfernt werden, sonst könnte sich ein Abszess bilden.

Zu einem schnellen Resultat gelangen sie, wenn Sie etwas Methylalkohol auf die Zecke tupfen und dann nach einigen Minuten mit einer feinen Pinzette die Zecke nahe am Kopf mit einem Ruck herausziehen. Greifen Sie die Zecke nicht am Körper, denn weiterer Speichel mit Toxinen könnte austreten (siehe Lähmung durch Zeckenbiss).

Sollte sich ein Abszess bilden, baden Sie die Wunde in warmem Salzwasser. Danach tragen Sie eine antibakterielle Salbe vom Tierarzt auf.

Wenn Sie eine Zecke bei Ihrem Hund entfernen, greifen Sie sie am Kopf – was nicht ganz einfach ist –, doch sonst könnte sich ein Abszess auf seiner Haut bilden.

Lähmung durch Zeckenbiss

Die meisten Zeckenbisse führen lediglich zu vorübergehenden Beschwerden, doch im warmen Küstenbereich Australiens kommt eine Spezies vor, deren Toxine zu schrittweiser Lähmung und sogar Tod führen können. Lähmungssymptome durch Zeckenbiss treten etwa vier bis fünf Tage nach Befall auf. Die Hinterläufe werden schwach, dann die Vorderläufe. Versagen der Atmung führt zum Tode. Tierärztliche Behandlung ist unabdingbar.

Läuse

Läuse kommen fast nur bei vernachlässigten Hunden vor. Es gibt verschiedene Lausarten. Die bekannteste ist Trichodectes canis, welche beißt. Sie ernährt sich von Hautschuppen und ihr Biss ruft leichte Hautirritationen hervor. Ernstere Irritationen werden von Linognathus setosus hervorgerufen, die sich von Gewebeflüssigkeit und Blut ernährt und Anämie hervorrufen kann. Läuseeier können sich im Fell des Hundes festsetzen. Die kleinen grau-weißen Läuse sind etwa 2 mm lang und sind vor allem im Bereich von Ohren, Kopf, Nacken, Schultern und After zu finden. Läuse halten sich während ihres gesamten Lebenszyklus auf dem Wirt auf. Die Behandlung mit Insektensprays oder Läuseshampoo ist nicht schwierig. Die Unterlage auf dem Hundebett sollte vernichtet und der Bereich mit Desinfektionsmittel behandelt werden.

Um Ihren Hund zurückzuhalten, stellen Sie ihn auf eine feste Oberfläche, legen Sie einen Arm behutsam um seinen Nacken und den anderen unter seinen Bauch.

Ohrmilben

Es gibt verschiedene Milbenarten, die den Hund befallen können. Ohrmilben (Otodectes cynotis) machen vor allem bei Welpen Probleme, können jedoch auch ausgewachsene Hunde und Katzen befallen. Der Hund beginnt sich zu kratzen, was zu Sekundärinfektionen führen kann. Die Diagnose erfolgt durch einen Ohrabstrich, der mikroskopisch untersucht wird. Leichte Fälle können mit Ohrtropfen behandelt werden. (Wenn Sie eine Katze haben, muss auch sie behandelt werden.) Bei Sekundärinfektionen müssen Antibiotika gegeben werden.

Krätze

Krätze bei Hunden wird von dreierlei Milbenarten hervorgerufen. Cheyletiella yasguri nisten sich in Fell und Hautoberfläche ein, was zu Schuppen, Haarausfall und Hautinfektionen führen kann.

Sarcoptes scabei und Demodex canis können bei Hunden größere Beschwerden hervorrufen. Letztere dringen in die Haarfollikel ein, führen zu Haarausfall und Hautirritation. Sarcoptes-scabei-Milben bohren sich durch die Haut und rufen ernste Entzündungen hervor.

Nackte, juckende Stellen treten auf und der Hund kratzt und beißt sich. Der Tierarzt kann durch eine mikroskopische Untersuchung von Hautschuppen feststellen, ob es sich um diese Milbenart handelt.

Die Behandlung von Cheyletiella ist relativ simpel. Sarcoptes scabei und Demodex canis sind schwieriger in den Griff zu bekommen.

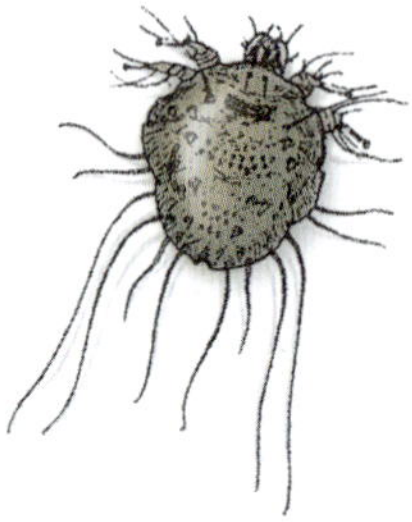

Eine Milbenart, die Krätze bei Hunden hervorruft. Wie bei anderen Parasiten muss der Hund sofort behandelt werden.

Notmaulkorb

Ein Notmaulkorb kann aus einem weichen Gürtel, einer Krawatte oder sogar aus einer alten Strumpfhose gemacht werden.

Binden Sie ein weiches Band um seine Schnauze.

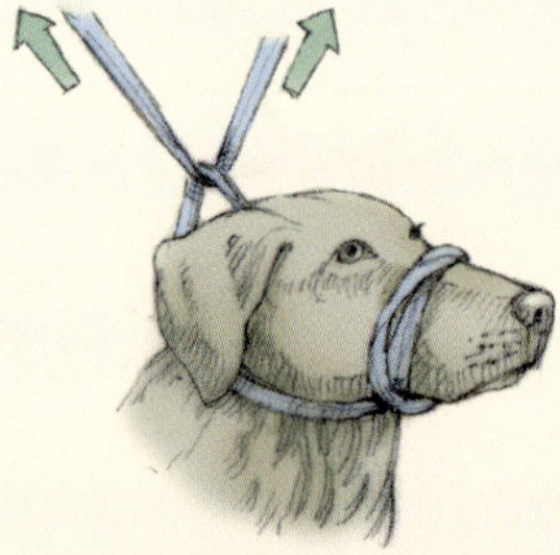

Legen Sie es um den Nacken und binden Sie es hinten zusammen.

Erntemilben

Diese winzigen Milben (Trombicula autumnalis) kommen nur in manchen Gebieten vor und, wie der Name schon sagt, zur Erntezeit im Spätsommer/Herbst. Die Larven sind für das Auge kaum sichtbar und infizieren meist die Zehenzwischenräume und das untere Ende der Ohrmuscheln. Befallene Hunde reiben ständig die Ohren und/oder lecken ihre Pfoten. Wenn Ihr Hund damit befallen ist, bringen Sie ihn zum Tierarzt zur Behandlung.

Erste-Hilfe-Set

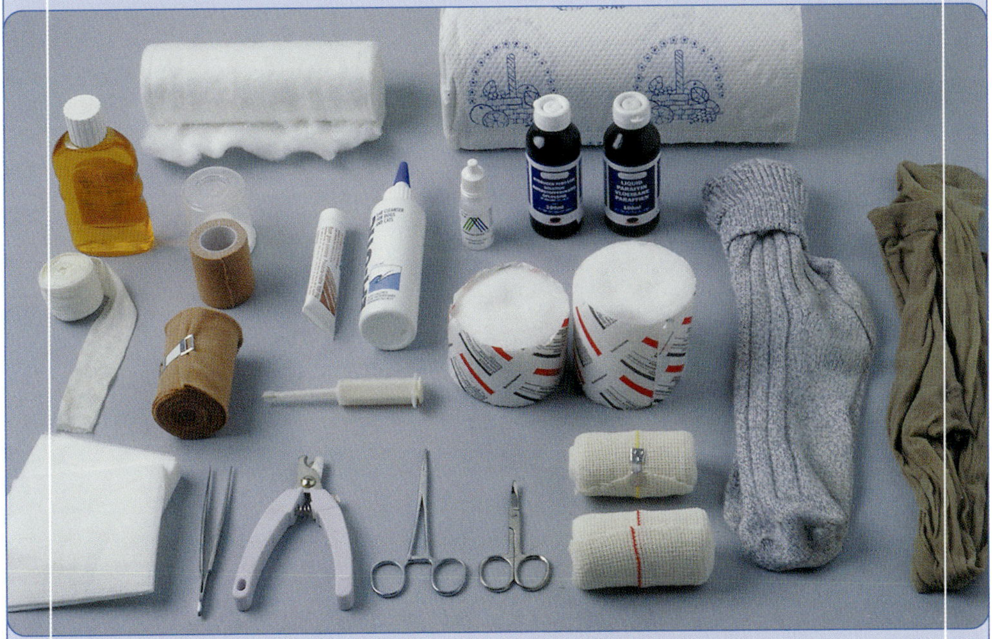

Die hier erwähnte Information dient lediglich als Richtlinie und soll auf keinen Fall den Rat des Tierarztes ersetzen. Im Notfall beachten Sie bitte, dass die Prinzipien der Ersten Hilfe für Hunde ähnlich sind wie bei Menschen.

- Verbandsmaterial von 5 cm und 7,5 cm Breite
- selbstklebender Verband
- Kreppverband von 5 cm Breite
- Rolle von 5 cm und 7,5 cm breitem Klebeband
- nicht klebende Gazepads
- Wattebäusche
- Pinzette
- gebogene Schere mit stumpfen Enden
- gerade Schere
- starke Bandage oder Klebeband für Notmaulkorb (S. 122)
- Nagelzwicker
- Antiseptik- und Desinfektionsmittel
- antiseptische Creme
- Wasserstoffperoxid (3 %) zum Auswaschen von Wunden
- Mineralöl gegen Verstopfung
- Rolle gut saugendes Küchenpapier
- Bein einer alten Nylonstrumpfhose (um sie über den Kopf zu stülpen bei Ohrenbluten)
- alter Socken (um einen Verband am Bein zu schützen)

So überwachen Sie die Gesundheit des Hundes

Je früher Sie etwas unternehmen, wenn Sie ein Gesundheitsproblem bei Ihrem Hund feststellen, desto besser. Dies macht eine Behandlung meist effektiver und Ihr Hund hat weniger Beschwerden. Auf den nachfolgenden Seiten informieren wir Sie, was normal ist und wann Sie Ihren Hund besser in die Tierklinik bringen.

Erste Anzeichen für gesundheitliche Störungen

Ein erstes Anzeichen für Unwohlsein kann eine leichte Abweichung des normalen Verhaltens sein. Wie Menschen haben Hunde Tage, an denen sie sich unpässlich fühlen. Ihr Hund kann ruhiger sein als gewöhnlich, weniger aktiv, durstiger oder weniger hungrig. Wenn dies länger als zwei Tage anhält, sollten Sie etwas unternehmen.

Wenn Sie glauben, dass Ihr Hund krank ist, gehen Sie mit ihm zum Tierarzt.

Wenden Sie sich an Ihren Tierarzt, wenn Sie bei Ihrem Hund Folgendes feststellen:

- ungewöhnliche Müdigkeit
- abnormale Absonderungen aus Körperöffnungen
- deutliches Kopfschütteln
- stark verminderter oder erhöhter Appetit
- deutlich mehr Durst
- deutliche Gewichtsab- oder -zunahme
- abnormales Verhalten wie Aggression, Lethargie oder Hyperaktivität
- Schwellungen am Körper
- starkes Kratzen, Lecken oder Beißen an einem Körperteil
- Lahmen
- Schwierigkeiten beim Absetzen von Harn und Kot
- Schwierigkeiten beim Auf- und Absitzen

Sobald Sie derartige Anzeichen feststellen, notieren Sie diese für evtl. spätere Hinweise für den Tierarzt. Während ein Arzt seinen Patienten nach seiner Krankengeschichte fragen kann, muss sich der Tierarzt hierbei auf den Hundehalter verlassen.

Schmerzen

Schmerzen entstehen durch eine Stimulierung der Nervenenden bei Verletzung, Infektion, Vergiftung oder Entzündung. Sie sind eine der ersten Anzeichen von Krankheit. Wenn wir Schmerzen haben, sind wir in der Lage, uns mitzuteilen. Ein Hund kann nicht sprechen, doch er zeigt auf eine andere Art, wie er sich fühlt.

Kleine Hunde reagieren normalerweise beim geringsten Vorkommnis, während andere, meist Jagdhunde, eher stoisch reagieren. Ihr Hund wird wahrscheinlich vor Schmerz jaulen oder nach Ihnen schnappen, wenn Sie versehentlich auf seine verletzte Pfote treten oder ein schmerzendes Körperteil anfassen. Doch manchmal sind die Zeichen, dass etwas nicht stimmt, weniger deutlich:

- Wenn sein Bein schmerzt, wird er es entweder nachziehen oder humpeln oder es in der Luft halten.
- Wenn Ihr Hund Gelenkschmerzen hat, z. B. Arthritis, wird er beim Aufstehen oder Absitzen vielleicht jaulen.
- Krämpfe lösen Muskelzittern aus und er könnte winseln.
- Bei Schmerzen am After wird er sein schmerzendes Hinterteil oft untersuchen oder damit auf dem Boden „Schlitten fahren".

Ihr Hund hat vermutlich Rückenschmerzen, wenn:

- er lahmt, doch kein Bein verletzt ist
- er nicht am Rücken angefasst werden möchte
- er einen runden Rücken macht und/oder beim Aufstehen zittert
- er inkontinent ist
- es schwierig für ihn ist, bei der Defäktion eine normale Position einzunehmen
- er plötzlich auf seine Hinterviertel fällt

Die Tierärztin prüft diesen jungen Mischling auf Gelenk- oder Rückenschmerzen.

Ihr Hund hat vermutlich Kopfschmerzen, wenn:

- er halb geschlossene Augen hat, doch kein Augenproblem sichtbar ist
- er den Oberkopf an Gegenstände drückt
- er leichtes, regelmäßiges Kopfschütteln zeigt
- er ins Leere starrt

Ihr Hund hat vermutlich innere Schmerzen, wenn:

- er über längere Zeit und/oder in gekrümmter Haltung liegt
- er sehr ruhelos ist und nicht sitzen kann
- er angespannte Bauchmuskeln hat oder einen Buckel macht
- er eine „Gebetsposition“ einnimmt, Vorderläufe unten und Hinterläufe oben
- er ständig seinen Bauch ansieht oder ihn beißt und leckt
- er ständig versucht zu defäkieren, doch ohne Erfolg
- er normalerweise gut gehorcht, aber jetzt grundlos aggressiv reagiert

Was tun?

Wenn nur ein kleiner Unfall passiert ist, wenden Sie am besten Ihren gesunden Menschenverstand an. Falls Ihr Hund nach einigen Stunden noch Schmerzen hat, rufen Sie Ihren Tierarzt an. Wenn Sie nicht feststellen können, woher die Schmerzen kommen, ist es besser, Sie wenden sich an den Tierarzt.

Alle Hunde haben Haare am Ohreingang. Zupfen Sie sie mit den Fingern heraus oder verwenden Sie eine abgerundete Schere und trimmen Sie die Haare in der Ohrmuschel.

Hunde kratzen sich manchmal an den Ohren, weil sich wegen zu viel Haaren Wachs im Ohrkanal angesammelt hat.

Wenn keine Entzündung vorliegt, können Sie seine Ohren selbst mit einer Flüssigkeit vom Tierarzt reinigen.

Träufeln Sie die Flüssigkeit vorsichtig zweimal am Tag in den Ohrkanal. Massieren Sie das Ohr äußerlich und tupfen Sie überschüssige Flüssigkeit mit einem Wattebausch ab.

Keinen Puder verwenden oder Gegenstand in den Ohrkanal stecken.

Wenn Ihr Hund nach vier bis fünf Tagen Behandlung immer noch den Kopf schüttelt, wenden Sie sich an den Tierarzt.

Trimmen Sie die Befederung Ihres Hundes mit einer abgerundeten Schere.

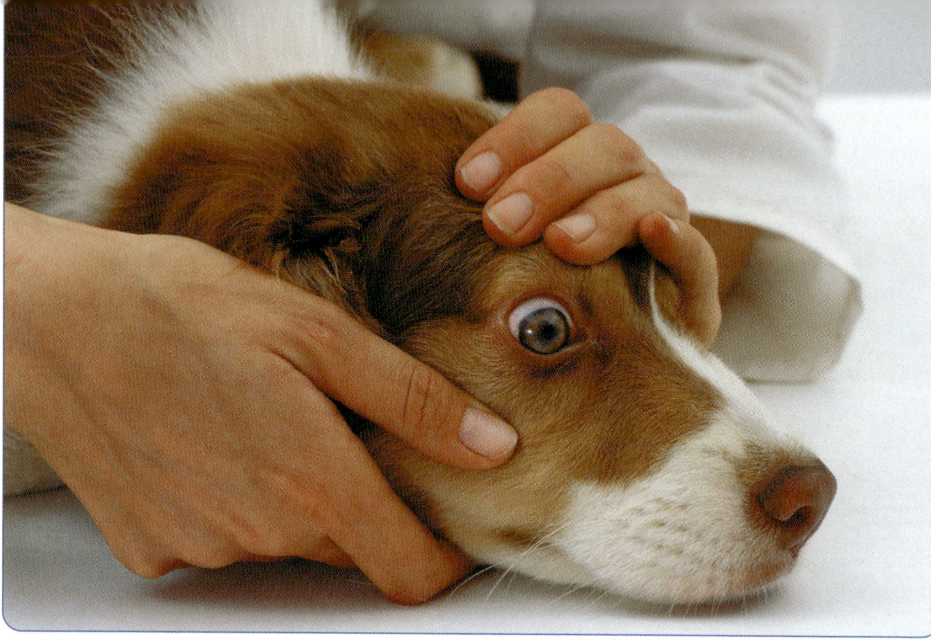

Ein Tierarzt kann an den Augen des Border Collies feststellen, ob er krank ist.

Ohrprobleme

Anzeichen	Mögliche Ursachen	Was tun?
Kopfschütteln, schwarze Absonderung im Ohrkanal	• Starke Wachsansammlung	→ Ohr(en) säubern wie S. 127.
Kopfschütteln, Ohrkratzen, zähe schwarze Absonderung	• Ohrmilben	→ Zum Tierarzt gehen (S. 121–122, Ohrmilben).
Kopfschütteln, rötliche, gelblich weiße, riechende Absonderung. Ohrkanal oder Ohrinneres ist entzündet oder schmerzt bei Berührung.	• Äußere Ohrinfektion. Im Allgemeinen entsteht sie durch eine Mischung aus Bakterien, Pilzen und Hefe. Wenn dies nicht behandelt wird, kann es zu Beschwerden und permanenten Ohrproblemen führen.	→ Geben Sie nichts ins Ohr, da das Trommelfell beschädigt werden könnte. Manche Behandlung könnte das Mittelohr schädigen. Bringen Sie den Hund zum Tierarzt. Er wird die Ohren untersuchen, evtl. einen Abstrich machen und feststellen, welche Organismen vorhanden sind. Behandlung genau befolgen.

Anzeichen	Mögliche Ursachen	Was tun?
Kopfschütteln, Kopf reiben am Teppich, keine Absonderung sichtbar, Hund hat Beschwerden, hält Kopf schräg	• Fremdkörper im Ohrkanal, meist Grassamen	→ Bringen Sie den Hund zum Tierarzt, um Fremdkörper zu entfernen. Füttern Sie den Hund vorher nicht, da er evtl. ein Beruhigungsmittel benötigt.
Schräge Kopfhaltung, Balanceschwierigkeiten, abnormale Augenbewegung, eventuell Erbrechen	• Mittel- oder Innenohrentzündung, entweder durch Fremdkörper oder chronische Ohrinfektion. • Vestibularsyndrom bei älteren Hunden. Die Ursache ist ungewiss. • Plötzliches Auftreten bei älteren Hunden, entzündungshemmende Medikamente wirken.	→ Bringen Sie den Hund zum Tierarzt. Wenn die Ursache feststeht, kann entzündungshemmendes Medikament, Antibiotikum oder Antiemethikum (gegen Brechreiz) gegeben werden. → Bringen Sie ihn zum Tierarzt.
Anschwellen der Ohrmuschel. Schmerzendes Ohr kann herunterhängen, Kopf wackelt	• Ohrhämatom. Blut oder Flüssigkeitsansammlung zwischen Knorpel und Haut der Ohrmuschel. Ursache ist ungewiss, kann jedoch durch Kopfschütteln oder Kratzen kommen. Kann auch durch Autoimmunreaktion begründet sein.	→ Warten Sie 48 Stunden, bis die Flüssigkeitsansammlung beendet ist. Dann bringen Sie den Hund zum Tierarzt. Er wird entweder ein Medikament geben oder operieren. Die Behandlung beinhaltet Entfernung der Flüssigkeit und Gabe eines entzündungshemmenden Präparats oder Antibiotikums. Bei operativem Eingriff wird der Hund betäubt, die Flüssigkeit entfernt, dann die Stelle zugenäht, um erneute Flüssigkeitsbildung zu verhindern.
Schorfbildung, Rötung	• Sonnenbrand	→ Kaufen Sie Sonnencreme für Kinder und tragen Sie sie dreimal täglich auf. Halten Sie Ihren Hund während intensiver Sonnenbestrahlung im Schatten.

Ohrprobleme (Fortsetzung)

Anzeichen	Mögliche Ursachen	Was tun?
Tiefer, hochstehender Schorf, der nicht abheilt	• Ohrenkrebs (schuppiges Ohrkarzinom)	→ Bringen Sie Ihren Hund zum Tierarzt. Behandlung kann Kältechirurgie oder chirurgische Entfernung der Ohrmuschel beinhalten.
Hund scheint taub	• Wachs blockiert den Ohrkanal • Innenohrinfektion • angeborener Defekt • Alter	→ Lassen Sie ihn vom Tierarzt untersuchen, um die genaue Ursache zu finden.

Probleme in Maul und Speiseröhre

Anzeichen	Mögl. Ursachen	Was tun?
Schlechter Atem	• Zahnsteinbildung	→ Bringen Sie ihn zum Tierarzt. Evtl. muss Zahnstein entfernt werden.
Schlechter Atem, entzündetes, blutendes Zahnfleisch	• Zahnfleischentzündung	→ Wie oben, evtl. Gabe von Antibiotika notwendig.
Schwierigkeiten beim Fressen, schlechter Atem	• abgebrochener Zahn • entzündeter Zahn	→ Bringen Sie ihn zum Tierarzt. Zahn muss gezogen werden; evtl. Gabe von Antibiotika.
Wie oben, evtl. Bluten, Sabbern, Zunge hängt heraus	• Tumor im Maul (z. B. Melanom)	→ Bringen Sie ihn zur Begutachtung zum Tierarzt.
Sichtbare Schwellung unter der Zunge	• Blockierung der Speicheldrüsen	→ Bringen Sie ihn zum Tierarzt.
Sabbern, Berühren des Mauls mit Pfote, evtl. Schluckbewegungen	• Fremdkörper (z. B. Knochen oder Stock) zwischen oberen Backenzähnen oder Angelhaken in Lippe	→ Maul öffnen und nachsehen. Wenn Sie einen Fremdkörper entdecken, entfernen Sie ihn, wenn möglich. Vorsicht, damit Sie nicht gebissen werden. Wenn er verletzt ist, bringen Sie ihn zum Tierarzt.

Anzeichen	Mögliche Ursachen	Was tun?
Sabbern, Berühren des Mauls mit Pfote, evtl. Schluckbewegungen	• Bienenstich im Maul (auf Zunge, Maulinnenseite oder Zahnfleisch) • Zungengeschwür	→ Wenn Stachel sichtbar, versuchen Sie ihn mit einer Pinzette herauszuziehen. Prüfen Sie sein Maul regelmäßig, bei starker Schwellung zum Tierarzt bringen. → Untersuchen Sie seine Zunge. Wenn Entzündung oder Geschwür sichtbar, prüfen Sie, was er gefressen haben könnte (Gift). Nehmen Sie Probe mit zum Tierarzt (S. 60–61, Gift).
Sabbern, Würgen oder Husten	• Fremdkörper im Rachen • Zwingerhusten	→ Bringen Sie ihn in beiden Fällen zum Tierarzt.
Wiederkäuen von Fressen, evtl. Würgen und Speichelbildung	• Fremdkörper in der Speiseröhre • entzündete Speiseröhre	→ Bringen Sie ihn in beiden Fällen zum Tierarzt.
Schwierigkeiten beim Fressen, keine weiteren Zeichen	• Nervliches Problem	→ Bringen Sie ihn zur Untersuchung zum Tierarzt.

Magenprobleme

Anzeichen	Mögliche Ursachen	Was tun?
Frisst Gras, dann Erbrechen von Gras und Schleim (und Knochen)	• Natürliche Entleerung von Unverdaubarem	→ Befolgen Sie die Schritte bei Erbrechen (S. 61, Notfallbehandlung).
Wie oben (keine Knochen)	• Leichte Gastritis	→ Gehen Sie zum Tierarzt.
Häufiges Erbrechen, weigert sich zu Fressen, ist deprimiert	• Gastritis • Entzündung der Bauchspeicheldrüse	→ Gehen Sie UNBEDINGT zum Tierarzt.
W. o., sowie andere Zeichen wie Durchfall (mit oder ohne Blut), dunkler teeriger Kot	• Bakterielle Infektion von verdorbenem oder infiziertem Futter. Parvovirose, Magengeschwür, Vergiftung	→ Gehen Sie in jedem Fall zum Tierarzt.

Magenprobleme (Fortsetzung)

Anzeichen	Mögliche Ursachen	Was tun?
Wie oben, und gekrümmte Haltung	• Fremdkörper im Magen • Entzündung der Bauchspeicheldrüse	→ Bringen Sie ihn zum Tierarzt. → Bringen Sie ihn DRINGEND zum Tierarzt.
Blähbauch, Junghund kann lethargisch sein, stumpfes Fell	• Wurmbefall	→ Wurmbehandlung (S. 111–116)
Blähbauch, Würgen, Atembeschwerden	• Magendehnung oder -drehung. Gasbildung im Magen nach Fressen bzw. Überfressen und anschließender Drehung. Dadurch entsteht Blockierung des Ein- und Ausgangs. Kommt eher bei Tieren mit tiefer Brust vor, z. B. Boxer, Deutscher Schäferhund und Weimaraner.	→ SIE MÜSSEN DRINGEND HANDELN! → Sofort zum Tierarzt gehen. Operation kann notwendig werden.

Beurteilung und Behandlung von Erbrechen

Erbrechen bei Hunden ist ein notwendiger Vorgang, wenn sie etwas Unverdauliches im Magen haben.

Falls sich Ihr Hund erbricht, aber ansonsten munter wirkt, geben Sie ihm nur Wasser und beobachten ihn für vier Stunden. Wenn er sich nicht mehr erbricht, geben Sie ihm etwas Huhn oder Reis. Geht es ihm anschließend gut, füttern Sie ihn einen weiteren Tag mit mildem Futter, dann schrittweise wieder an normales Futter gewöhnen.

Rufen Sie Ihren Tierarzt an, wenn Sie Zweifel haben oder wenn:

- der Hund deprimiert erscheint
- das Erbrochene Blut enthält
- der Hund sich alle paar Stunden erbricht, mehr als acht Stunden
- der Hund sich ständig erbricht und Wasser nicht bei sich behalten kann
- der Hund Zugang zu Haushaltsmüll oder giftigen Substanzen hatte

Darmprobleme

Anzeichen	Mögliche Ursachen	Was tun?
Frisst gut, doch bleibt dünn	• Wurmbefall	→ Gabe von Entwurmungspräparat (S. 112–116)
Wie oben, lässt viel hellen Kot ab, frisst evtl. eigenen Kot	• Mangel an Verdauungsenzymen der Bauchspeicheldrüse	→ Zum Tierarzt bringen.
Starke Speichelbildung oder Sabbern, keine weiteren Symptome Starke Speichelbildung und Gewichtsverlust. Kot scheint normal oder evtl. Durchfall und Erbrechen	• Entzündliche Darmerkrankung. Verschiedene Ursachen, die zu Darmentzündung und eingeschränkter Nahrungsabsorption führen. Es kann außerdem eine abnorme Menge bestimmter Bakterien vorliegen.	→ Zum Tierarzt bringen.
Frisst sehr viel, frisst evtl. ungewöhnliche Dinge	• Mangel an Verdauungsenzymen der Bauchspeicheldrüse • Ungenügende Nahrungsmittelabsorption, Anämie	→ In jedem Fall zum Tierarzt bringen.
Blähungen	• Normalerweise ernährungsbedingt, doch auch altersbedingt. Manche Rassen neigen mehr dazu.	→ Geben Sie gut verdauliches, ballaststoff- und eiweißarmes, soja- und weizenfreies Futter.
Chronischer Gewichtsverlust trotz normalem oder großem Appetit	• Wurmbefall • Darmtumor • Ungenügende Nahrungsmittelabsorption	→ Zur Sicherheit zum Tierarzt bringen.
Wie oben, Erbrechen in Abständen und/oder Durchfall	• Entzündliche Darmerkrankung (siehe oben)	→ Zum Tierarzt bringen.
Wie oben, setzt jedoch große Mengen an wächsernem Stuhl ab	• Mangel an Verdauungsenzymen der Bauchspeicheldrüse	→ Zum Tierarzt bringen.

Darmprobleme (Fortsetzung)

Anzeichen	Mögliche Ursachen	Was tun?
Erbrechen, frisst nicht	• Entzündliche Darmerkrankung (siehe oben), Fremdkörper, starke Verstopfung	→ In jedem Fall zum Tierarzt bringen.
Gekrümmte Haltung	• Bauchschmerzen, starke Verstopfung	→ In beiden Fällen zum Tierarzt bringen.
Hat Schwierigkeiten bei Defäktion, harter, fester Kot, kein Erbrechen	• Leichte Verstopfung, besonders häufig bei älteren Hunden	→ Gabe von Mineralöl (1 TL–1 EL, je nach Größe des Tiers). Wenn innerhalb von 8 Std. keine Defäktion stattfindet, zum Tierarzt bringen.
Schwierigkeiten bei Defäktion, keine oder wenig Kotproduktion, deprimiert, evtl. Erbrechen	• Starke Verstopfung, Anschwellen der Prostata verhindert Kotpassage	→ Zur Sicherheit zum Tierarzt bringen.
Ständig angestrengt, Schwellung seitlich des Afters	• Dammhernie	→ Zum Tierarzt bringen. Chirurgischer Eingriff ist nötig.
Schmerzen bei Defäktion, „Schlittenfahren“, ständiges Lecken des Hinterteils. Evtl. Eiterabsonderung	• Einklemmung der Analdrüsen, Entzündung oder Abszess	→ Zur Behandlung zum Tierarzt bringen, evtl. ist Drüsenspülung und Antibiotikum notwendig.
Frisches Blut im Kot	• Kolitis (Entzündung des Enddarms), Tumor, Abszess an Analdrüsen	→ Auf jeden Fall zum Tierarzt bringen.
Durchfall, in Abständen	• Nahrungsintoleranz, leichte bakterielle Dünndarmentzündung	→ Geben Sie ihm einen Tag lang Wasser, dann mildes Fressen für 24 Std. Wenn Durchfall aufhört, schrittweise wieder normales Fressen geben. Wenn nicht, zum Tierarzt gehen.
Wie oben, evtl. Spulwürmer im Kot	• Spulwurmbefall	→ Behandlung von Spulwurmbefall (S. 111–113)

Anzeichen	Mögliche Ursachen	Was tun?
Durchfall (häufig und anhaltend)	• Giardia intestinalis, Kokzidiose	→ In beiden Fällen zum Tierarzt bringen.
Durchfall (häufig, möglicherweise blutig), Hund ist deprimiert und kann Bauchschmerzen haben.	• Entzündliche Dünndarmerkrankung bakteriell (z. B. Leptospira haemorrhagiae) oder virusbedingt (z. B. Parvovirose, Hundestaupe, Infektiöse Hundehepatitis, S. 106–107). Mangelhafte Nahrungsmittelabsorption, Kolitis, Tumor	→ Auf jeden Fall zum Tierarzt bringen.

Endokrine Probleme

Anzeichen	Mögliche Ursachen	Was tun?
Bauch aufgebläht, starker Durst, symmetrischer Haarausfall, Pigmentveränderungen	• Cushing-Syndrom (erhöhte Kortikoidfreisetzung aus Nebennierenrinde)	→ Zum Tierarzt bringen.
Lethargie, Futterverweigerung, evtl. Erbrechen, Gewichtsverlust, Hündin mittleren Alters	• Morbus Addison (Unterfunktion der Nebennierenrinde)	→ Zum Tierarzt bringen.
Junghund, Wachstumsmangel Älterer Hund, Lethargie, Fettleibigkeit, verträgt Kälte nicht, schlechtes Fellwachstum	• Hypothyreose (Unterfunktion der Schilddrüse)	→ Zum Tierarzt bringen.
Nackenschwellung, hyperaktiv, mehr Appetit, starker Durst, lässt mehr Harn ab, Keuchen	• Hyperthyreose (Schilddrüsenüberfunktion)	→ Zum Tierarzt bringen.

Augenprobleme

Anzeichen	Mögliche Ursachen	Was tun?
Lichtscheuheit, Blinzeln	• Verschiedene	→ Zum Tierarzt bringen.
Tränende Augen, durchsichtige Absonderung	• Wind, Staub, Sonnenlicht, Allergie oder blockierte Tränenkanäle. Manche Hunde werden ohne Tränenkanal geboren.	→ Spülen mit kühlem, abgekochtem Wasser oder Kochsalzlösung. Wenn nach einigen Tagen keine Besserung eintritt, zum Tierarzt bringen.
Wie oben, plötzliches Anschwellen von Augenlidern, Augen tränen, klare Absonderung, Bindehautentzündung	• Nesselsucht, eingewachsene Wimpern oder abnormales Wimpernwachstum, nach innen gedrehtes Augenlid	→ In jedem Fall zum Tierarzt bringen.
Wie oben, Hund hustet, Augen tränen, klare oder eitrige Absonderung, unteres Augenlid scheint weit aufgeklafft. Weißes im Auge entzündet, berührt Augen mit Pfoten. Wie oben, Haarausfall um die Augen Wie oben, nur an einem Auge	• Zwingerhusten, nach außen gedrehtes Augenlid • Bakterielle oder virusbedingte Bindehautentzündung, Hundestaupe, infektiöse Hundehepatitis • Demodikose (durch Haarbalgmilbe) • Möglicherweise Fremdkörper im Auge oder Augenverletzung	→ In jedem Fall zum Tierarzt bringen.

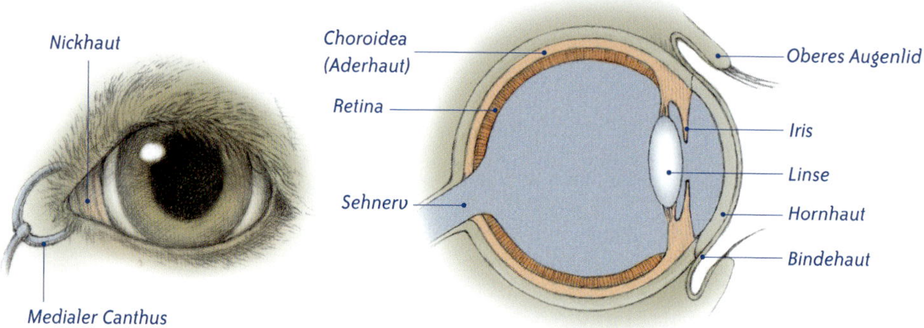

Obwohl das Auge des Hundes dem menschlichen Auge ähnlich ist, hat es mehr lichtempfindliche Zellen und eine Nickhaut.

Anzeichen	Mögliche Ursachen	Was tun?
Klebrige, eitrige Absonderung. Auge scheint trocken. Bindehaut entzündet	• Trockenes Auge (Keratoconjunctivitis sicca)	→ Zum Tierarzt bringen.
Gewebelappen über Hornhaut, kann bräunlich aussehen	• Wucherung der Kornea	→ Zum Tierarzt bringen.
Augen erscheinen weiß, die Sehkraft des Hundes scheint beeinträchtigt, keine anderen Symptome	• Grauer Star	→ Zum Tierarzt bringen.
Hund scheint blind zu werden, keine anderen Symptome	• Degenerierte Retina, fortschreitende Atrophy der Retina (vererbt), Collieaugenanomalie (angeboren)	→ Zum Tierarzt bringen.
Rötlicher Klumpen im Augenwinkel, Junghund, besonders bei Bulldoggen	• „Pinkauge“, Nickhaut-Prolaps	→ Chirurgischer Eingriff ist nötig. Zum Tierarzt bringen.
Haarwuchs auf Bindehaut und/oder Hornhaut und Augenlid	• Ocular-Dermoid (Geschwür)	→ Zum Tierarzt bringen. Operativer Eingriff ist nötig.
Kleines Geschwür auf oberem oder unterem Augenlid	• Augenlid-Granulom	→ Evtl. operativer Eingriff. Zum Tierarzt bringen.
Hund hat ein Auge geschlossen, lichtscheu, offensichtlich Schmerzen, Auge tränt	• Entzündung der mittleren Augenhaut (Uveitis)	→ Zum Tierarzt bringen.
Wie oben, weiße Linie oder Punkt auf Augenoberfläche, Schmerzen, Auge tränt	• Hornhautgeschwür. Oft nach Kratzer von Katze	→ Zum Tierarzt bringen.
Nickhaut sichtbar	• Nervenschädigung	→ Zum Tierarzt bringen.
Presst Kopf an Gegenstände (Zeichen von Kopfschmerzen), Auge quillt vor, lichtscheu	• Glaukom (aufgrund steigendem Augeninnendruck)	→ Zum Tierarzt bringen.

Probleme der Leber, Milz u. Bauchspeicheldrüse

Anzeichen	Mögliche Ursachen	Was tun?
Blähbauch, mit oder ohne Gelbsucht	• Lebertumor	→ Zum Tierarzt bringen.
Blähbauch, starker Durst, blasses Zahnfleisch, Lethargie	• Milztumor, der innere Blutungen zur Folge hat	→ Zum Tierarzt bringen.
Erbrechen, Gelbsucht, dunkler Urin, evtl. Bauchschmerzen, wenig Appetit	• Blockierung der Gallenwege (Gallensteine, Gallenentzündung, -infektion), Gallenwegsfraktur	→ In beiden Fällen zum Tierarzt bringen.
Erbrechen, Durchfall, Gelbsucht, Blut im Urin	• Leptospirosis (S. 108)	→ Zum Tierarzt bringen.
Unwohlsein, Lethargie, Fieber, Blutiger Durchfall	• Infektiöse Hundehepatitis (S. 107)	→ Zum Tierarzt bringen.
Akutes, anhaltendes Erbrechen, Fieber, Bauchschmerzen	• Entzündung der Bauchspeicheldrüse. Verdauungsenzyme können in Pankreasgewebe abgesondert werden und ernstliche Entzündung oder Zerstörung des Gewebes hervorrufen. Kann zu starker Schädigung oder sogar zum Tod führen. Permanente Funktionsstörung der Bauchspeicheldrüse nach Genesung.	→ Zum Tierarzt bringen.
Trockenes schuppiges Fell, Gewichtsverlust, viel heller, weicher, stinkender Kot, frisst eigenen Kot	• Mangel an Verdauungsenzymen der Bauchspeicheldrüse (MVB). Verdauungsenzyme produzierender Teil der Bauchspeicheldrüse ist nicht vorhanden. Fettverdauung schwierig. Kot enthält viel Wasser und unverdautes Fett. Fettsäuremangel führt zu trockenem, schuppigem Fell. MVB ist normalerweise angeboren, kann jedoch erst später auftreten (häufig anzutreffen bei Deutschen Schäferhunden).	→ Sprechen Sie mit Ihrem Tierarzt. Er wird eine Kotprobe testen. Für gewöhnlich wird das Enzym Trypsin in Tabletten- oder Pulverform gegeben. Ernährungsumstellung mit Vitaminzusätzen und gut verdaulichen Ölen (Distel-, Kokosöl).

Anzeichen	Mögliche Ursachen	Was tun?
Starker Durst, Hunger, evtl. geblähter Bauch, Lethargie, Gewichtsverlust	• Diabetes mellitus (Bauchspeicheldrüse produziert zu wenig Insulin). Zu hoher Zuckergehalt im Blut. Dies führt zu hohen Glukosewerten in Nieren und Urin. Dackel, King Charles Spaniel, Pudel und Scottish Terrier sind besonders anfällig für Diabetes.	→ Lassen Sie Ihren Hund gründlich untersuchen (einschl. Blut- und Urintests). Leichtere Fälle können evtl. durch Nahrungsumstellung korrigiert werden. Meist erfordert Diabetes mellitus Insulininjektionen, die zu Hause gegeben werden können. → Bei Hunden, die Insulininjektionen bekommen, kann ein hypoglykämisches Koma eintreten bei übertriebener Bewegung oder zu großen Futterabständen. Unzulängliche Glukosewerte im Blut werden durch Insulininjektionen noch weiter gesenkt und führen zu Kollaps, Koma und Krämpfen. Behandlung: Geben Sie ihm etwas Zucker oder Honig direkt ins Maul (immer griffbereit halten).

Probleme des Nervensystems

Anzeichen	Mögliche Ursachen	Was tun?
Balance-, Koordinationsschwierigkeiten	• Mittelohrinfektion, Erkrankung des Gleichgewichtsorgans (Infektion, Entzündung oder Tumor) • Hirntumor • Krankes Kleinhirn	→ In jedem Fall zum Tierarzt bringen.
Anfälle oder Krämpfe	• Epilepsie (kommt bei Hunden bis zu drei Jahren vor), Vergiftung, Hirntumor	→ In jedem Fall zum Tierarzt bringen.

Probleme des Nervensystems (Fortsetzung)

Anzeichen	Mögliche Ursachen	Was tun?
Anfälle, Krämpfe, Kopfpressen, Kopfschmerzen	• Entzündung des Gehirns (Encephalitis) • Gehirnhautentzündung (Meningitis)	→ SIE MÜSSEN DRINGEND HANDELN!
Kollabieren, Nickhaut sichtbar, steife Gliedmaßen, gerade Rute, Gesicht zusammengekniffen.	• Tetanus-Infektion	→ Zum Tierarzt bringen.
Starke Speichelbildung, evtl. weitere Anzeichen Starke Speichelbildung, Verhaltensänderung	• Vergiftung (S. 60–61) • Tollwut (S. 108–110)	→ Zum Tierarzt bringen.
Abnormale Kopfhaltung, evtl. Augenflackern von einer Seite zur anderen	• Mittelohrentzündung, Erkrankung des Gleichgewichtsorgans (Infektion, Entzündung oder Tumor), Gehirntumor	→ Zum Tierarzt bringen.
Wie oben, alter Hund	• Syndrom des Gleichgewichtsorgans bei altem Hund	→ Zum Tierarzt bringen.
Unsicherer, schlurfender Gang, vor allem nach Bewegungstraining (häufig bei Bassets, Dobermann, Deutscher Dogge)	• Wobbler-Syndrom (Zervikale Spondylopathie). Wirbeldeformation, es kommt zu Beeinträchtigung des Rückenmarks im Nackenbereich.	→ Behandlung kann ansprechen bei Früherkennung, andernfalls sind Aussichten schlecht.
Bewegt Kopf widerwillig, akute Nackenschmerzen	• Bandscheibenvorfall im Nacken	→ Zum Tierarzt bringen.
Bricht nieder auf Hinterviertel, mit oder ohne akute Schmerzen	• Bandscheibenvorfall im Brust- oder Lendenbereich	→ Zum Tierarzt bringen.
Schwäche oder Zusammenbruch nach Bewegungstraining	• Myasthenia gravis (neurologische Erkrankung)	→ Zum Tierarzt bringen.
Plötzlicher Zusammenbruch, im Kreis gehen, Teillähmung, Augenlider halb geschlossen, Augenflackern	• Schlaganfall	→ Zum Tierarzt bringen.

Was tun, wenn Ihr Hund lahmt?

Wenn Ihr Hund lahmt, können Sie einigen Ursachen evtl. selbst auf den Grund gehen, doch meist ist der Besuch beim Tierarzt notwendig. Folgende Schritte können hilfreich sein. Wenn die Ursache nicht offensichtlich ist, können Sie das schmerzende Bein vorsichtig auf Verletzungen abtasten. Untersuchen Sie zunächst die Fußballen Ihres Hundes, ob sie verletzt sind oder ob er sich einen Dorn eingetreten hat. Dann beginnen Sie bei den Zehen und arbeiten sich langsam nach oben. Wenden Sie dabei leichten Druck an und beobachten Sie, ob und wann er reagiert. Um herauszufinden, ob er Gelenkschmerzen hat, versuchen Sie jedes Gelenk behutsam etwas zu drehen. Falls Sie Zweifel haben, gehen Sie zum Tierarzt.

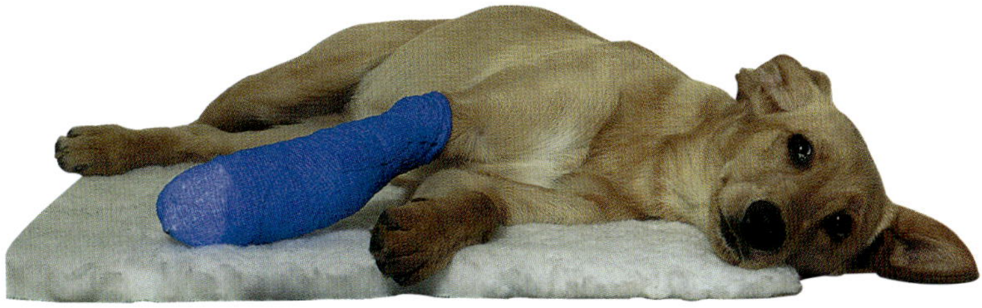

Probleme im Skelett-, Gelenk- u. Muskelbereich

Anzeichen	Mögl. Ursachen	Was tun?
Leichtes Lahmen eines Beins, leichte Schmerzen in einem Gelenk bei Abwinkeln oder Strecken	• Verstauchung (Bänder oder Gelenkknorpel leicht verletzt)	→ Kalte Kompresse auflegen, Kreppbandage anlegen, um Bein zu stützen. Ernste Verstauchung kann zu Arthritis führen. Wenn nach 24 Std. keine Besserung, Tierarzt um Rat fragen.
Lahmen einige Stunden nach Bewegung, kann mit verletztem Bein auftreten	• Überanstrengter Muskel	→ Zwei Tage Ruhe und leichte Massage können Linderung bringen. Wenn nicht, zum Tierarzt gehen.
Plötzliches Lahmen, jault, wenn Bein angefasst wird, Kralle kann bluten.	• Eingerissene Kralle	→ Vom Tierarzt versorgen und Antibiotikum geben lassen.
Plötzliches Lahmen, geht nur widerwillig auf hartem Untergrund oder auf langen Spaziergängen auf der Straße	• Wunde Fußballen	→ Bewegung nur auf weichem Untergrund. Lanolin auf wunde Stellen auftragen. Spray zur Härtung der Ballen verwenden.

Probleme im Skelett-, Gelenk- u. Muskelb. (Forts.)

Anzeichen	Mögliche Ursachen	Was tun?
Plötzliches Lahmen, blutende Pfote	• Schnitt im Fußballen	→ Falls Wunde oberflächlich, in Kochsalzlösung baden (1 : 20). Lassen Sie ihn zwei Wochen lang nicht auf hartem Untergrund gehen. Falls Wunde tief, vom Tierarzt nähen lassen.
Plötzliches Lahmen oder akute Schmerzen während oder nach Bewegung, Muskelzittern, bewegt sich widerwillig, möglicherweise weint er.	• Myositis, entzündliche Erkrankung der Skelettmuskulatur, Schwellung und Gehschwierigkeiten. Tritt häufig als Krampf auf, durch Milchsäurebildung in Muskulatur nach hartem Training und schnellem Abkühlen (z. B. bei Sprung ins kalte Wasser). Kann bei Hinterläufen von Greyhounds während des Rennens auftreten.	→ Massieren des Beins, Hund warm halten, falls Schmerz anhält, zum Tierarzt bringen.
Ähnlich wie oben, bei Scottish und Cairn Terrier. Hund macht kleine, ruckartige Schritte. Kann auf Muskulatur der Vorderläufe und Nacken ausstrahlen, Hund kann nicht gehen.	• Muskelkrampf	→ Geben Sie dem Hund Ruhe. Krampf verschwindet normalerweise nach ein paar Minuten. Sprechen Sie mit dem Tierarzt.
Kiefermuskeln geschwollen, hält Maul offen, hat Schmerzen, Schwierigkeiten beim Fressen	• Eosinophile Myositis. Deutsche Schäferhunde sind besonders anfällig. Wirkt sich auf Kiefermuskulatur beim Fressen aus. Abrupter Beginn. Anfälle dauern ein bis drei Wochen, können weniger heftig werden, doch dafür öfter auftreten. Nach jedem Anfall wird Muskulatur schwächer.	→ Fragen Sie den Tierarzt um Rat. Die Krankheit verursacht starke Schmerzen und wird schlimmer. Noch ist kein Heilmittel dagegen gefunden. Schmerzmittel und Entzündungshemmer helfen bei Attacken.

Anzeichen	Mögliche Ursachen	Was tun?
Plötzliches Lahmen eines Hinterlaufs nach hartem Bewegungstraining. Hund setzt Pfote auf, kann sie aber nicht belasten	• Vorderer Kreuzbandriss im Kniegelenk. Eine vergleichsweise häufig auftretende Verletzung nach Unfall, z. B. Ausrutschen. Manche Rassen neigen eher dazu aufgrund ihres Knochenbaus.	→ Zum Tierarzt bringen, da Operation wahrscheinlich notwendig.
Plötzliches Lahmen, hält einen Hinterlauf in die Luft, jault	• Kniescheibe verletzt	→ Zum Tierarzt bringen.
Plötzliches Lahmen, Hinterlauf verdreht, Hund hat Schmerzen	• Hüftverrenkung	→ Zum Tierarzt bringen.
Plötzliches Lahmen nach Sturz oder Unfall, Schwellung, Schmerzen, jault wahrscheinlich	• Knochenbruch	→ Zum Tierarzt bringen.
Plötzliches Lahmen, Schwellung des Beingewebes	• Bisswunde	→ Zum Tierarzt bringen. Die Wunde kann Abszess bilden.
Hüpfender Gang, Junghund	• Hüftdysplasie. Kann angeboren oder vererbt sein. Hüftknochen passt nicht genau in Pfanne. Dadurch verstärkte Gelenkabnutzung. Deutscher Schäferhund und Labrador neigen eher dazu. In vielen Ländern werden Zuchthunde darauf untersucht, um Krankheit zu eliminieren.	→ Zum Tierarzt bringen. Nur ein operativer Eingriff kann helfen.
Plötzlicher Einbruch der Hinterläufe, Hund hat normalerweise Schmerzen	• Bandscheibenvorfall im Brust- oder Lendenbereich	→ Bitten Sie den Tierarzt um Hausbesuch. Oder legen Sie ihn auf ein Brett, befestigen ihn und bringen ihn zum Tierarzt.
Schwierigkeiten beim Auf- und Absitzen. Bewegung hilft gegen steife Glieder.	• Arthritis (entzündliche Gelenkerkrankung)	→ Zum Tierarzt bringen.

Probleme im Skelett-, Gelenk- u. Muskelb. (Forts.)

Anzeichen	Mögliche Ursachen	Was tun?
Schwierigkeiten, normale Haltung beim Harn ablassen einzunehmen	• Spondylose (Degenerative Erkrankung der Wirbelsäule)	→ Zum Tierarzt bringen.
Schwierigkeiten, auf- und abzusitzen, deprimiert, wird nicht besser durch Bewegung, kein Appetit	• Spondylitis (Entzündung des Knochenmarks der Wirbel) • Knochenkrebs, normalerweise von Prostatakrebs ausgehend	→ Zum Tierarzt bringen. → Zum Tierarzt bringen.
Schwellung von Gelenken, deprimiert, manchmal kein Appetit, lahm und lethargisch	• Arthritis (entzündlich oder immunbedingt)	→ Zum Tierarzt bringen.
Harte, schmerzhafte, ständig wachsende Schwellung direkt über Gelenk, große Hunde	• Knochenkrebs • Osteomyelitis (Knocheninfektion)	→ Zum Tierarzt bringen. → Zum Tierarzt bringen.
Akutes Lahmen der Vorderläufe, Nackenschmerzen, bewegt Kopf widerwillig	• Bandscheibenvorfall im Nackenbereich	→ Zum Tierarzt bringen.
Chronisches Lahmen in Vorderläufen großer Rassen (z. B. Deutscher Schäferhund, Labrador Retriever)	• Ellbogengelenksdysplasie (vererbt) • Arthrose (degenerative Gelenkserkrankung)	→ Zum Tierarzt bringen. → Zum Tierarzt bringen.

Einige allgemeine Hautprobleme

Anzeichen	Mögl. Ursachen	Was tun?
Schuppige Haut, weiße Schuppen im Fell	• Cheyletiella-Infektion (Milben) (S. 122)	→ Tierarzt um Insektenbehandlung bitten.
Schuppige Haut, vor allem im Kopf- und Schulterbereich, kl. gräulich-weiße Insekten sichtbar	• Läuse (S. 121)	→ Siehe oben

Anzeichen	Mögliche Ursachen	Was tun?
Haarausfall, symmetrisch, keine Irritation, kein Bruchhaar	• Hormonhaushalt nicht ausgeglichen	→ Ziehen Sie den Tierarzt zurate.
Kahle Stellen, nicht symmetrisch, keine Irritation, kein Bruchhaar	• Langer, exzessiver Haarwechsel, Ernährungsmangel (Fettsäuren)	→ Zum Tierarzt bringen.
Haarausfall, nicht symmetrisch, Bruchhaar sichtbar, Hund kann mit Kratzreflex reagieren, wenn seine Haut gerieben wird	• Selbst zugefügt durch Kratzen, möglicherweise wegen Allergie	→ Lassen Sie ihn vom Tierarzt untersuchen.
Haarausfall um die Augen und evtl. andere Stellen. Kann jucken, evtl. Pusteln sichtbar	• Krätze	→ Zum Tierarzt bringen.
Haarausfall auf geschwollener, rosa Haut, kein Juckreiz	• Scherpilzflechte (Pilzinfektion)	→ Zum Tierarzt bringen.
Juckende, gerötete, ölige, riechende und schuppige Haut	• Hefeinfektion	→ Zum Tierarzt bringen.
Kratzt sich, exzessives Lecken	• Allergisch auf Flöhe, Futter oder etwas in Umfeld	→ Wenn Ihre Flohbekämpfung konsequent ist, bringen Sie ihn zum Tierarzt. Oder Flohbehandlung (S. 118–120).
Hund kratzt sich, kaut an Pfoten, Spätsommer	• Herbstmilben (Trombicula autumnalis)	→ Fragen Sie den Tierarzt nach Insektizidbehandlung.
Kratzt sich, kaut, Haarausfall an Ellbogen und Füßen	• Krätze	→ Zum Tierarzt bringen.
Kratzt sich, exzessives Lecken, Hautausschlag am Unterbauch und den Schenkelinnenseiten	• Kontaktallergie • Flohallergie	→ Zum Tierarzt bringen.

Einige allgemeine Hautprobleme (Forts.)

Anzeichen	Mögliche Ursachen	Was tun?
Kratzen, kauen, Bereich entzündet und eitrig, evtl. Bluten	• Pyoderma (bakterielle Infektion)	→ Zum Tierarzt bringen.
Knoten oder Schwellung unter der Haut, keine Schmerzen	• Lipom (gutartiger Tumor aus Fettgewebe), Hämatom (Blutblase), Hauttumor, Atherom	→ In jedem Fall zum Tierarzt bringen.
Knoten oder Schwellung unter der Haut, Schmerzen, evtl. flüssige Absonderung	• Abszess	→ Zum Tierarzt bringen.
Anhaltende Hautverletzungen um Lippen und Füße, kein Juckreiz	• Autoimmunerkrankung	→ Zum Tierarzt bringen.

Einige Anzeichen für Harnwegsstörungen

Anzeichen	Mögliche Ursachen	Was tun?
Erbrechen, Bauchschmerzen, schlechter Atem, Blut im Urin	• Akute Nierenerkrankung (Nephritis)	→ SOFORT HANDELN! Sofort zum Tierarzt bringen!
Großer Durst, schlechter Atem, lässt evtl. viel Harn, evtl. Maulgeschwüre, Gewichtsverlust, Anämie	• Chronische Nierenerkrankung aufgrund Infektion, chron. Degeneration, Tumor oder angeborener Defekt	→ Notieren Sie über mehrere Tage, wie viel Wasser der Hund trinkt. Harnprobe in sauberem Gefäß zum Tierarzt mitnehmen.
Junghund, gedeiht nicht, großer Durst, farbloser Urin	• Nierenkrankheit bei Junghund (vererbt)	→ Harnprobe und Hund zum Tierarzt bringen.
Stark riechender Urin, mit oder ohne Blut, lässt häufig Harn oder Tröpfeln, leckt evtl. Vulva oder Penis	• Zystitis (Entzündung der Harnblase) aufgrund von Infektion oder Blasenstein	→ Harnprobe und Hund zum Tierarzt bringen.

Anzeichen	Mögliche Ursachen	Was tun?
Urin tröpfelt von Vulva oder Penis (Harninkontinenz) Wie oben, Rüde Wie oben, alter Hund	• Schließmuskelschwäche aufgrund hormoneller oder nervlicher Probleme • Prostataproblem • Alter	→ In jedem Fall zum Tierarzt bringen.
Rüde hat Schwierigkeiten beim Harnlassen, evtl. Erbrechen	• Blockierung der Harnwege, evtl. Blasenstein	→ SOFORT HANDELN! → Sofort zum Tierarzt bringen!

Anzeichen für Blut- u. Durchblutungsstörungen

Anzeichen	Mögliche Ursachen	Was tun?
Belastungsintoleranz und/oder Lethargie, Schwäche, evtl. Ohnmacht, Welpe oder Junghund Wie oben, jedes Alter Wie oben, jedes Alter	• Angeborener Herzfehler (Ductus arteriosus) • Herzklappenfehler. Blut fließt zurück durch eine Herzklappe, führt zu Herzgeräuschen • Anämie	→ In jedem Fall zum Tierarzt bringen.
Husten	• Stauungsinsuffizienz (Chronische Herzerkrankung), Herztumor, Herzwurmbefall (S. 116)	→ In jedem Fall zum Tierarzt bringen.
Atembeschwerden	• Anämie • Blutstau in Lunge aufgrund Herzfehler • Vergiftung durch Rattengift	→ In jedem Fall zum Tierarzt bringen.
Zahnfleisch hat blassen oder bläulichen Schimmer	• Herzfehler • Hämolytische Anämie (gesteigerter Abbau roter Blutkörperchen) • Vergiftung durch Rattengift • Blutgerinnungsstörung	→ In jedem Fall zum Tierarzt bringen.

Atembeschwerden

Im Falle von Atembeschwerden und/oder in Verbindung mit Bauchbewegungen das Tier sofort zum Tierarzt bringen. NOTFALL!

Anzeichen für Blut- u. Durchblutungsstör. (Forts.)

Anzeichen	Mögliche Ursachen	Was tun?
Gelbsucht (Zahnfleisch und Weißes im Auge schimmern gelblich)	• Hämolytische Anämie (gesteigerter Abbau roter Blutkörperchen) • Sekundäre Leberinfektion	→ In jedem Fall zum Tierarzt bringen.
Bauch gebläht	• Flüssigkeitsansammlung wegen Herzfehler	→ Zum Tierarzt bringen.

Störungen der Atemwege

Anzeichen	Mögliche Ursachen	Was tun?
Niesen, durchsichtige Absonderung der Nase	• Virusinfektion, Allergie (z. B. Pollen), Grassamen, Grashalm in Nase oder Tumor	→ Wenn anhaltend, zum Tierarzt bringen.
Niesen, eitrige Absonderung der Nase, ein- oder beidseitig	• Bakterielle oder Pilzinfektion • Abszess am Backenzahn	→ Zum Tierarzt bringen.
Trockene, verkrustete Nase	• Zinkmangel • Allergie (z. B. Pollen)	→ Zum Tierarzt bringen.
Rote, geschwollene Haut an Nase, mit etwas Verkrustung	• Sonnenbrand • Allergie (z. B. Pollen)	→ Im Schatten halten. Sunblocker für Kinder auftragen. Wenn Problem nicht verschwindet, zum Tierarzt bringen.
Geräuschvolle Atmung, kurznasige Rassen (besonders Cavalier King Charles Spaniel)	• Verlängertes Gaumensegel – angeborener Defekt. Behinderung des Kehlkopfes, dadurch Atembeschwerden, Grunzgeräusch beim Atmen	→ Lassen Sie den Tierarzt urteilen.
Geräuschvolle Atmung, alle Rassen. Evtl. veränderte Tonlage bei Bellen	• Kehlkopfprobleme (z. B. Laryngitis)	→ Zum Tierarzt bringen.
Würgen, Kollabieren, kurznasige Rassen	• Verlängertes Gaumensegel führt zu Atmungsblockierung.	→ SOFORT HANDELN, Maul öffnen, Kopf und Nacken strecken, Zunge herausziehen.

Anzeichen	Mögliche Ursachen	Was tun?
Würgen, Kollabieren, jede Rasse	• Fremdkörper im Rachen, der Atmung behindert	→ Versuchen Sie, den Gegenstand zu entfernen. Sofort tierärztliche Hilfe anfordern.
Schnelle Atmung	• Lungenentzündung • Herzfehler • Allergisches Asthma • Vergiftung (z. B. Aspirin) • Wurmlarven wandern durch Lungen	→ Zum Tierarzt bringen.
Wie oben, Zahnfleisch blass oder weiß	• Innere oder äußere Blutung • Vergiftung (z. B. Rattengift)	→ SOFORT HANDELN, zum Tierarzt bringen.
Bauchbewegung in Verbindung mit Atmung	• Zwerchfellbruch (Riss nach Trauma), Pneumothorax (Luft in Brust, normalerweise nach Traum), Hämothorax (Blut in Brust) nach Vergiftung (Rattengift), Rippen-/Lungenschädigung nach Trauma	→ In jedem Fall zum Tierarzt bringen.
Nasenbluten	• Akutes Trauma • Fremdkörper in Nase, Blutgerinnungsstörung	→ Zunächst Eis auf Nase legen (kann auch gefrorenes Gemüse sein). Wenn Nasenbluten nicht aufhört, zum Tierarzt bringen.
	• Vergiftung (z. B. Rattengift) • Tumor	→ In jedem Fall zum Tierarzt bringen.
Leichter, gelegentlicher Husten	• Infektion der Luftröhre, Allergie oder Herzfehler	→ Zum Tierarzt bringen.
Häufiger, flacher Husten, hatte kürzlich Unfall	• Pneumothorax	→ Zum Tierarzt bringen.
Husten (oft), bellend	• Luftröhrenkollaps	→ Zum Tierarzt bringen. Normalerweise Operation.
Häufiges Husten bis zum Würgen, Schaumproduktion	• Zwingerhusten oder Fremdkörper im Rachen	→ Zum Tierarzt bringen.
Häufiges Husten, in Verbindung mit eitriger Absonderung von Nase, Hund sieht krank aus	• Hundestaupe	→ Zum Tierarzt bringen.

Stadien und Dauer der Zyklusphasen

Proöstrus	Östrus (Läufigkeit)	Metöstrus	Diöstrus
Geschwollene Vulva, blutiger Scheidenausfluss. Hündin attraktiv für Rüden, lässt Deckakt nicht zu.	Verdickte Vulva, Scheidenausfluss dunkelgelb. Hündin lässt Deckungsakt zu. Ovulation beginnt etwa zwei Tage nach Östrusbeginn.	Bei nicht trächtiger Hündin. Hormonveränderungen wie bei Trächtigkeit. Etwa 6–8 Wochen nach Östrus kann Hündin Zeichen von Gebärmutterentzündung (Pyometra) zeigen. Etwa 8–9 Wochen nach Östrusende kann Hündin Zeichen von Scheinträchtigkeit zeigen.	Zeitdauer bis zur nächsten „Läufigkeit".
Dauer verschieden, im Durchschnitt neun Tage	Dauer verschieden, im Durchschnitt neun Tage	Dauer verschieden. Im Durchschnitt 90 Tage	Dauer verschieden, im Durchschnitt 90 Tage

Reproduktionsprobleme bei der Hündin

Anzeichen	Mögl. Ursachen	Was tun?
Milchiger Ausfluss von Vulva, junger Welpe	• Leichte Vaginalentzündung	→ Heilt sich meist von selbst. Im Zweifelsfall mit Tierarzt sprechen.
Anhaltender, dünner, leicht geröteter Ausfluss aus Vulva nach Östrus	• Zyste am Eierstock	→ Zum Tierarzt bringen.
Starker Durst, wenig Appetit, Erbrechen, Blähbauch, Vulvaausfluss, 6–8 Wochen nach Östrus	• Pyometra aufgrund von hormonellem Ungleichgewicht	→ SOFORT HANDELN! Zum Tierarzt bringen. Evtl. operative Entfernung der Gebärmutter und Eierstöcke notwendig.

Anzeichen	Mögliche Ursachen	Was tun?
Vergrößerte Brustdrüse, keine Schmerzen Vergrößerte Brustdrüse, schmerzhaft, entzündet	• Brustdrüsentumor. Nicht immer bösartig. Mastitis	→ In jedem Fall zum Tierarzt bringen.
Milchproduktion ohne Trächtigkeit, Hündin baut evtl. „Nest", beschützt Spielzeug, evtl. Keuchen und/oder erscheint nervös	• Scheinträchtigkeit. Kommt bei 60 % nicht sterilisierter Hündinnen vor. Nach einer Scheinträchtigkeit besteht Neigung zu weiterer Scheinträchtigkeit nach jeder Zyklusphase.	→ Hündin durch vermehrte Belastung und Spiel ablenken. Spielzeug wegnehmen. Wenn Verhalten sich nach drei Wochen nicht verändert, Tierarzt anrufen. Hormonbehandlung evtl. notwendig.
Lethargie, Appetitverlust, innerhalb von ein bis zwei Wochen nach Welpen. Evtl. eitriger Ausfluss.	• Metritis (Gebärmutterentzündung)	→ Zum Tierarzt bringen. Evtl. Antibiotikum notwendig, oder Hündin muss sterilisiert werden.

Reproduktionsprobleme bei Rüden

Anzeichen	Mögliche Ursachen	Was tun?
Eitrige Absonderung vom Penisschaft	• Balanoposthitis (Bakterielle Entzündung des Schafts)	→ Täglich mit kühlem, abgekochtem Wasser und einem Wattebausch säubern. Falls Absonderung nicht besser wird, evtl. Antibiotikum.
Vergrößerte Hoden. Evtl. symmetrischer Haarausfall	• Hodentumor	→ Muss vom Tierarzt beurteilt werden.
Spritzen bei Harnablassen, Blut im Harn, Schwierigkeit bei Defäktion	• Prostataproblem (Tumor, Abszess, Vergrößerung), häufig bei alten Hunden	→ Muss vom Tierarzt beurteilt werden.

Der Hund im Alter

Glücklich im Alter

Genau wie Menschen haben heutzutage auch Hunde eine längere Lebenserwartung aufgrund besserer Ernährung und Gesundheitsfürsorge. Daher gibt es heute mehr ältere Hunde und mit zunehmendem Alter ist es oft um die Gesundheit schlechter bestellt. Der Alterungsprozess kann zwar nicht gestoppt, doch seine Auswirkungen können minimiert werden.

Zeichen des Altwerdens

Graue Haare und Veränderung des Fells

Eines der ersten Anzeichen sind graue Haare um Schnauze und Augenbrauen herum. Dies kann jedoch schon bei einem fünf Jahre alten Hund der Fall sein, ist also nicht unbedingt von Bedeutung. Ein weiteres Zeichen sind längere Haare, selbst bei kurzhaarigen Rassen. Die Krallen wachsen ebenfalls schneller und müssen öfter abgeknipst werden.

Wenn Sie den veränderten Bedürfnissen Ihres älteren Hundes mit Toleranz begegnen, hat er es bequemer im Alter und ist glücklicher.

Tiefer Schlaf

Ein weiteres Zeichen ist tieferer und längerer Schlaf. Alte Hunde erschrecken eher, wenn sie aus dem Schlaf gerissen werden. Manche knurren oder schnappen sogar nach ihrem Besitzer.

- Helfen Sie ihm, indem Sie sein Bett in einer besonders ruhigen Ecke machen, wo er sich bequem ausruhen kann.
- Andere Haustiere sollten so viel wie möglich von ihm ferngehalten werden.

Veränderte Fress- und Trinkgewohnheiten

- Appetitmangel, keine Lust oder Schwierigkeiten beim Fressen. Letzteres kann ein Anzeichen von Zahnfleischentzündung und/oder Zahnverfall sein.
- Steigender Durst. Dies kann ein Zeichen von Nierenerkrankung oder anderer Krankheit sein (S. 125, So überwachen Sie die Gesundheit Ihres Hundes).

Alten Hunden tut eine leicht verdauliche, eiweißärmere Kost gut, da sie die Nieren weniger belastet. Ihr Tierarzt hat speziell darauf abgestimmtes Futter. Er wird Ihnen vielleicht auch raten, öfter zu kommen, damit die Nieren- und Leberwerte Ihres alten Hundes überwacht werden können (S. 124–151).

Mit zunehmendem Alter werden Hunde um die Schnauze herum grau und entwickeln Arthrose in den Gelenken – genau wie ihre menschlichen Gefährten.

Verdauungsprobleme

Zu den Symptomen gehören Erbrechen, Durchfall und Verstopfung. Wichtig bei der Ernährungsänderung ist:

- drei bis vier kleine Mahlzeiten täglich (wie bei Welpen)
- gekochte Eier (dieses Eiweiß wird am leichtesten verdaut)
- ein Ernährungsplan vom Tierarzt

Arthritische Veränderungen und Arthrose

Alte Hunde und solche, die über einen längeren Zeitraum auf hartem Untergrund schliefen oder draußen gehalten wurden, neigen eher dazu. Frühe Anzeichen sind steife Gelenke beim Aufstehen. In extremeren Fällen hat der Hund Schwierigkeiten beim Laufen und zeigt Schwäche, Lahmen und Anzeichen von Schmerzen in den Hinterläufen (S. 126–127, Schmerzen). Sobald Sie Anzeichen feststellen, befolgen Sie den Rat des Tierarztes.

Behandlung

- Täglich entzündungshemmende Medikamente, ohne Steroide
- Medikamente, die die Produktion von Gelenkschmiere stimulieren
- Naturheilmittel, einschließlich Substanzen wie Glucosamine, Kräutermedizin und Haifischknorpel

Reduzierte Blasenkapazität und Harnkontrolle

Eines der ersten Anzeichen hierfür ist, wenn Ihr Hund nachts öfter hinausmuss. Er kann auch inkontinent werden. Legen Sie eine Plastikdecke auf sein Lager, bedecken es mit einer Lage Zeitungspapier und dann mit einer Polyesterdecke oder Schaffell. Der Harn läuft in die Zeitung und lässt die Oberfläche trocken. Zeitungspapier kann nach Bedarf gewechselt werden.

Verstopfung

Arthritische Veränderungen können einen alten Hund daran hindern, eine normale Defäktionsposition einzunehmen.

- Geben Sie ihm ballaststoffreiches Futter mit Kleie oder Kleiekekse und/oder geriebenes Gemüse. Fügen Sie einen Esslöffel Mineralöl als Gleitmittel bei.
- Lassen Sie sich einen Diätplan vom Tierarzt geben.

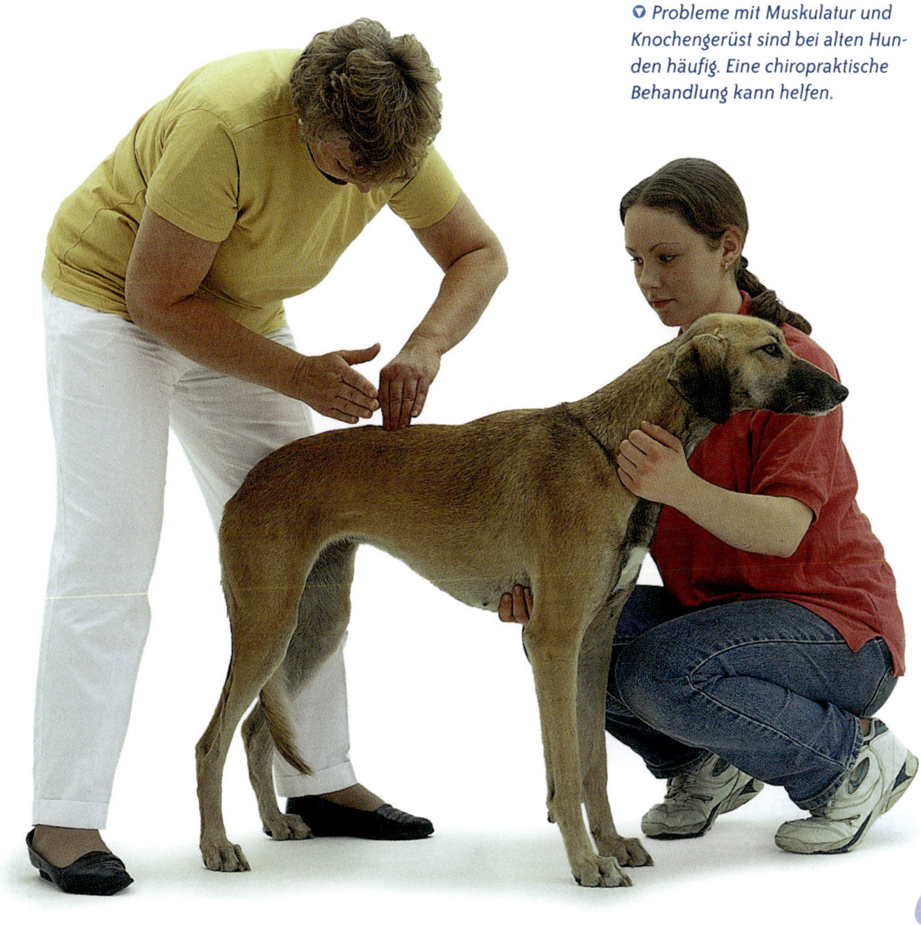

Probleme mit Muskulatur und Knochengerüst sind bei alten Hunden häufig. Eine chiropraktische Behandlung kann helfen.

Zunehmende Taubheit

Wenn Taubheit noch im Anfangsstadium ist, kann sie oft schwer festgestellt werden. Beachten Sie folgende Anzeichen:

- Ihr Hund reagiert nicht auf Ihr Kommando.
- Zunehmendes Bellen, meist grundlos, evtl. wenn er auf seinem Bett liegt
- Bellen in höherer Tonlage als normal

Wenn das Gehör Ihres Hundes schlechter wird, schützen Sie ihn vor Unfällen. Halten Sie ihn beim Spazierengehen in Ihrer Nähe und ersetzen Sie verbale Befehle durch tatsächliche Handlungen – z. B. anstatt ihn zurückzurufen, zu ihm gehen und ihn holen.

Zunehmendes Erblinden

Im Anfangsstadium ist dies schwer festzustellen. Spätere Anzeichen:

- die Augäpfel werden bläulich (die Hornhaut ist beeinträchtigt)
- das Auge erscheint in der Mitte weiß (grauer Star)
- der Hund rempelt evtl. Möbel an
- der Hund weigert sich nachts und/oder bei hellem Sonnenschein auszugehen

Lassen Sie die Möbel an ihrem Platz, doch schützen Sie ihn vor Gefahr. Ein blinder Hund kann ein glückliches Leben führen, solange er in gewohnter Umgebung ist.

Senilität

Anzeichen:

- Verwirrung
- Rastlosigkeit
- Fordert zunehmende Aufmerksamkeit
- Bellt häufiger

Es gibt Medikamente gegen Senilität.

Für einen älteren Hund sorgen

Genau wie ältere Menschen haben auch ältere Hunde gute und schlechte Tage. Haben Sie Verständnis und passen Sie sich an seine Bedürfnisse an. Je älter Ihr Hund wird, desto öfter werden Sie wahrscheinlich zum Tierarzt müssen. Verwöhnen Sie ihn mit einem weichen Lager mit Schaffell und vielleicht einem Heizkissen. Da ein älterer Hund viel ruht, kann er Hornhaut an Ellbogen und Sprunggelenken entwickeln. Er sollte daher nicht auf rauen Oberflächen liegen.

Sie können ihm zudem:

- bequeme Decken oder Teppiche an seinen Lieblingsplatz legen, der weder in der vollen Sonne noch an einer feuchten Stelle sein sollte.
- ihn nicht nach draußen nehmen, wenn es sehr heiß oder kalt ist.
- selbst drinnen einen Hundemantel anlegen.
- ihn vor Situationen schützen, bei denen er sich leicht verletzen könnte: z. B. eine Barriere vor Treppenstufen anbringen.
- seine Gliedmaße mit der Hand massieren, damit er beweglich bleibt.
- nicht zu viel Bewegung zumuten. Er weiß, wann er genug hat. Da er nicht mehr so gut sieht und riecht, kann er sich leicht verirren. Bleiben Sie in seiner Nähe, wenn er nicht angeleint ist.

Grauer Star kommt bei älteren Hunden häufig vor – das Auge erscheint in der Mitte weiß. Doch die meisten Hunde passen sich an. Manchmal hilft eine Operation.

Wenn Ihr Hund unter Appetitlosigkeit leidet, wärmen Sie sein Futter etwas an oder geben Sie ihm etwas Schmackhafteres. Passen Sie seine Futtermengen der Bewegungsmenge an. Ältere Hunde bewegen sich weniger und setzen Fett an, was wiederum zu Herzkrankheiten führt. Fragen Sie Ihren Tierarzt nach der entsprechenden Ernährung (S. 49, Ernährung). Beobachten Sie, wie viel Wasser er trinkt. Wenn sich die Menge steigert, sprechen Sie mit dem Tierarzt. Lassen Sie ihn regelmäßig untersuchen. Impfungen müssen aufgefrischt werden, Zähne und Zahnfleisch müssen überprüft werden. Analdrüsen müssen gespült und Blutuntersuchungen durchgeführt werden.

Denken Sie an Ersatz

Je älter Ihr Hund wird, desto mehr haben Sie vielleicht den Wunsch, einen zweiten Hund anzuschaffen. Sie werden etwas Zeit brauchen, ihn zu integrieren und die beiden Tiere miteinander anzufreunden. Doch diese Zwischenphase kann Ihnen helfen, über den Abschied von einem lieben Gefährten hinwegzukommen. Eventuell ziehen Sie es vor, damit zu warten, da die Pflege des alten Hundes Ihre ganze Aufmerksamkeit benötigt. Ein junger Hund braucht viel Zuwendung und Training. Falls Sie Zweifel haben, sprechen Sie mit Ihrem Tierarzt.

Die letzten Tage

Sie können zu sehr schweren, aber auch zu sehr dankbarenTagen werden. In dieser Zeit haben Sie zum letzten Mal Gelegenheit, Ihrem Hund die Liebe und Zuneigung zu schenken, die Sie während glücklicher Zeiten mit ihm erleben durften. Wenn Sie wissen, was Sie erwartet, haben Sie eher die innere Stärke, damit umzugehen.

Je gebrechlicher Ihr Hund wird, desto mehr hängt er von Ihnen ab. Streicheln und schmusen Sie mit ihm und geben Sie ihm das Gefühl, dass Sie ihn lieben. Es ist wichtig, dass Sie so viel Zeit wie möglich mit ihm verbringen.

Die Entscheidung treffen

Manchmal wird Ihnen die Entscheidung abgenommen. Der Tod kann plötzlich eintreten und Ihren Hund schnell von seinen Schmerzen und Qualen erlösen. Bisweilen

Dieses alte Bild ist ein Andenken an einen einst geliebten Affenpinscher.

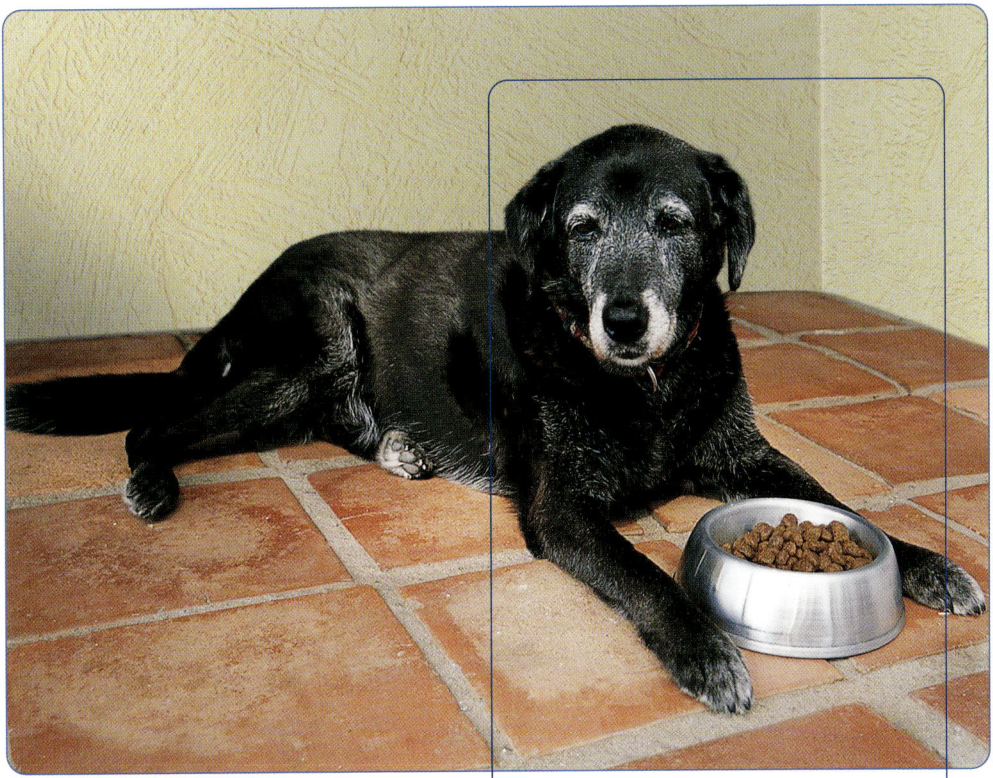

○ *Schlechte Zähne und andere Gesundheitsprobleme führen zu Appetitlosigkeit.*

müssen Sie jedoch eine Entscheidung treffen, ob Ihr Hund eingeschläfert werden soll. Dies ist nicht immer einfach. In den Medien werden wir zwar ständig Zeuge vom Tod, doch wenn wir selbst davorstehen, merken wir, wie schlecht wir damit umgehen können. Wenn Sie Kinder haben, sprechen Sie mit ihnen darüber und lassen Sie sie ihre Gefühle ausdrücken. Besprechen Sie die positiven Aspekte, einen Hund zu besitzen, und erklären Sie ihnen, dass die Lebenserwartung eines Hundes, trotz guter Gesundheitsfürsorge, viel kürzer ist als bei Menschen. Doch der wichtigste Faktor ist nicht, was gut für Sie und die Familie ist, sondern was am besten für Ihren Hund ist. Ihr Tierarzt kann Ihnen hierbei ein guter Ratgeber sein. In seiner Praxis hat man Verständnis für Ihren Kummer und Sie finden Hilfe, wenn Ihr Hund von seinen Schmerzen erlöst werden soll.

Trauerarbeit

Trauern ist eine natürliche menschliche Reaktion auf den Tod eines geliebten Menschen oder Tieres. Während die Gesellschaft schon immer Verständnis beim Verlust eines Menschen gezeigt hat, so unverständlich war man bei Kummer über den Tod eines geliebten Haustieres. Diese Situation ist dabei, sich zu ändern, da wir ständig mehr verstehen, wie wichtig eine starke Bindung zwischen Mensch und Tier sein kann. Fünf Stadien der Trauerarbeit wurden dokumentiert.

Nicht wahrhaben wollen

Wenn Sie mit der Tatsache konfrontiert werden, dass die Tage Ihres Hundes gezählt sind, werden Sie vielleicht depressiv. Diese Reaktion ist oft unterbewusst und für andere nicht immer gleich sichtbar. Sie versuchen sich vielleicht einzureden, dass sich Ihr Tierarzt irrt und dass alles gar nicht so schlimm ist. Dies ist eine natürliche Reaktion, um den emotionalen Schlag, den Sie durchmachen, abzufangen.

Feilschen

Während der Trauerarbeit um einen Menschen ist der Trauernde bereit, Opfer zu bringen, damit der geliebte Mensch wiederkommt. Bei einem Tier ist dies weniger wahrscheinlich, doch vielleicht ertappen Sie sich bei dem Gedanken: „Wenn du gesund wirst, verspreche ich, mit dir in deinen Lieblingspark zu gehen."

Schmerz und Wut

Ihr emotionaler Schmerz wandelt sich in Wut, die Sie vielleicht an einem Familienmitglied oder Ihrem Tierarzt auslassen. Dies mag zwar helfen, geht jedoch auf Kosten eines anderen. Vielleicht richten Sie die Wut auf sich selbst und haben Schuldgefühle: „Wenn ich nur ... hätte!" Negative Gedanken sind nicht konstruktiv und sollten durch positive ersetzt werden: „Ich bin froh, dass ich ..."

Trauer

In diesem Stadium sind Ärger und Wut vorüber. Sie stehen der schrecklichen Wirklichkeit gegenüber und alles, was bleibt, ist Leere. Je weniger Unterstützung Sie jetzt haben, desto länger wird dieses Gefühl anhalten. Familie, Freunde, aber auch der Tierarzt, der Gang zum Tierfriedhof oder ein Therapeut können helfen.

Akzeptanz

Trauer braucht Zeit, doch nach etwa drei bis vier Monaten wird Ihr Kummer durch liebevolle Erinnerungen ersetzt und Dankbarkeit tritt anstelle des Verlustgefühls. Vielleicht ist jetzt die Zeit gekommen, ein neues Haustier anzuschaffen.

Unsere Haustiere haben eine kürzere Lebenserwartung als wir, und ein Haustierbesitzer kann während seines Lebens den Schmerz, ein geliebtes Tier zu verlieren, bis zu fünfmal erleben. Der Kummer wird nicht weniger mit jedem weiteren Trauererlebnis. Jedes Tier ist ein Individuum und sein Besitzer trauert um jedes einzelne. Wenn Sie jedoch die Stadien der Trauerarbeit verstehen und wissen, wie Ihre Familie, Freunde und der Tierarzt helfen können, sollte es Ihnen möglich sein, mit einem Minimum an Schmerz und dafür einem Maximum an Liebe damit umzugehen.

Der Vorgang der Euthanasie

Der Vorgang ist ähnlich, wie wenn Ihr Hund eine Narkose für eine Operation braucht. Nur dieses Mal erhält er eine Überdosis. Er hat keine Schmerzen und verliert in drei bis fünf Sekunden das Bewusstsein. Vielleicht möchten Sie währenddessen anwesend sein. Streicheln Sie seinen Kopf vorsichtig, während das Medikament in seine Vene gespritzt wird. Bleiben Sie noch eine kleine Weile bei ihm, nachdem er gestorben ist.

Doch vielleicht ist es Ihnen lieber, nicht dabei zu sein. Das bleibt Ihnen überlassen. In diesem Moment überkommt Sie vielleicht ein überwältigendes Verlustgefühl. Lassen Sie Ihren Gefühlen freien Lauf. Ihr Tierarzt und die Mitarbeiter der Tierklinik haben dafür großes Verständnis.

Beerdigung oder Einäscherung

Ihr Tierarzt ist Ihnen dabei behilflich, was zu tun ist. Eine Beerdigung für ein geliebtes Haustier ist nichts Ungewöhnliches. Wenn Sie keine geeignete Stelle im Garten haben, kaufen Sie vielleicht ein Grab auf einem Tierfriedhof. Preise sind unterschiedlich und hängen von Größe und Qualität des Sarges ab. Manche Tierfriedhöfe bieten ein kleines Namensschild, andere einen aufwendigen Gedenkstein. Wenn Sie sich für Einäscherung entscheiden, kann Ihnen die Asche später in einer Urne ausgehändigt werden. Vielleicht möchten Sie Ihren geliebten Vierbeiner durch eine Fotografie, die praktisch auf jeder Oberfläche angebracht werden kann, verewigen. Viele Tierfriedhöfe bieten heute auch Grabpflege an. Auch für eine Beerdigungsfeier kann gesorgt werden.

Therapeutische Hilfe

Für manche Besitzer kann der Kummer unerträglich werden. Suchen Sie professionelle Hilfe. Oder wenden Sie sich an Ihren Tierarzt.

Hunde, die auf harter Oberfläche schlafen müssen oder draußen gehalten werden, leiden im Alter eher an Arthrose. Ein frühes Zeichen sind steife Gelenke beim Aufstehen.

Wenn Sie sich Mühe geben, Ihren Hund zu verstehen, können Sie viel besser mit ihm umgehen und er macht Ihnen mehr Freude.

Hundezüchtung und Aufziehen

Ein neues Familienmitglied

Welpen sind etwas Süßes, doch Junge zu züchten mit dem eigenen Familienhund ist nicht ratsam. Es sei denn, Sie haben viel Zeit und sind sich ganz sicher, dass Sie es wirklich wollen und immer jemand zu Hause ist, der sich um sie kümmert. Sonst setzen Sie sich besser mit dem Züchter Ihrer Hündin in Verbindung und fragen ihn nach einem geeigneten Rüden. Ein Deckhund derselben Rasse ist nicht zu empfehlen. Das könnte zu schwächlichen Welpen führen. Wichtig ist ein Rüde, der genetisch gesund und körperlich stark ist, ein angenehmes Wesen hat und nachweislich zeugungsfähig ist.

Der weibliche Fortpflanzungszyklus

Eine Hündin wird im Alter von sechs bis acht Monaten läufig und das etwa zwei Mal pro Jahr. Am besten züchten Sie erst beim zweiten oder dritten Zyklus. Die Läufigkeit dauert drei Wochen. Erste Zeichen sind zunächst ein Anschwellen und dann Bluten der Vulva. Dies hält etwa sieben Tage lang an, gefolgt von einer helleren Absonderung, die wiederum eine Woche lang dauert. Während der dritten Woche ist nichts zu sehen. Manche Hündinnen sind so reinlich, dass es gar nicht so einfach ist für ihren Besitzer, herauszufinden, wann sie läufig ist. Währenddessen wird sie oft freundlicher und hält die Rute seitlich nieder, wenn sie am Schwanzansatz gestreichelt wird. Sie wandert herum und lässt öfter Harn ab als sonst. Rüden machen den Geruch einer läufigen Hündin aus weiter Entfernung aus. Es kann daher passieren, dass Sie während dieser Zeit viel Besuch erhalten. Lassen Sie Ihre Hündin im Haus und auf dem Spaziergang immer angeleint. Die fruchtbaren Tage sind meist zwischen dem zehnten und vierzehnten Tag während der Läufigkeit, dies kann aber auch variieren. Wenn der Deckhund in der Nähe wohnt, können Sie täglich mit Ihrer Hündin dorthin gehen und der Natur ihren Lauf lassen. Wenn er etwas weiter weg lebt, ist es besser, Sie wissen genau, wann sie fruchtbar ist. Ein Bluttest gibt Aufschluss.

Der Deckakt

Der Deckakt findet meist nach relativ kurzer Zeit statt, nachdem die Hunde zusammengeführt wurden. Es kommt jedoch vor, dass sich Hunde einfach nicht mögen, vor allem, wenn die Hündin dominant ist. Der Deckakt findet dann nicht statt. In diesem Fall ist es besser, einen anderen Deckhund zu suchen.

Der Deckakt findet meist im Revier des Rüden statt. Währenddessen kommt es zum Anschwellen des „Knotens", einer Drüse am Penis des Rüden. Der Penis „verkeilt" sich im Geschlechtstrakt der Hündin und das hat zur Folge, dass sich die Tiere nicht voneinander trennen können. Der Rüde steigt nach der Ejakulation herunter und steht entweder neben oder hinter ihr.

Manche Besitzer, die dies zum ersten Mal sehen, sind schockiert. Doch dieses bemerkenswerte Verhalten (Hängen) ist ganz normal. Am besten trinken Sie solange eine Tasse Tee und überlassen die beiden sich selbst.

Eine Hündin zerreißt Stoff oder Papier, um ihr Geburtslager vorzubereiten.

Typisch für vier Tage alte Welpen ist schlafen und saugen.

Unvorhergesehene Deckung

Es kann vorkommen, dass Ihre Hündin mit dem falschen Rüden kopuliert. Solange sie zusammenhängen, macht es keinen Sinn, sie auseinanderzuzwingen. Sie haben keine Gewissheit, ob Ihre Hündin gedeckt ist. Wenn es für Sie in Ordnung ist, dass Ihre Hündin von diesem Rüden trächtig wird, fahren Sie fort, wie nachstehend erklärt.

Wenn Sie den Wurf nicht wünschen und später Welpen von ihr züchten möchten, können Sie die Schwangerschaft durch eine Spritze vom Tierarzt unterbinden lassen. Dies hat jedoch Nebenwirkungen. Sie sollten Pro und Kontra mit ihm diskutieren.

Wenn Sie den Wurf nicht wünschen und später keine Nachkommen von ihr züchten möchten, können Sie sie nach Beendigung der Läufigkeit sterilisieren lassen.

Die Border Collie Hündin, eine leicht erregbare, übermütige und oft aggressive Rasse, kuschelt zufrieden mit ihrem Wurf.

Versorgung des Muttertiers

Bevor eine Hündin gedeckt wird, sollte sie gründlich untersucht und ihre Impfungen aufgefrischt werden. Dadurch bekommen die Welpen meist ein gutes Abwehrsystem gegen allgemeine Krankheiten. Außerdem sollte sie vorher und während der Trächtigkeit gegen Spulwürmer behandelt werden. Sprechen Sie mit Ihrem Tierarzt darüber.

Während der Trächtigkeit sollte die Hündin mit dem Bereich, wo sie werfen soll, vertraut gemacht werden. Ideal ist ein abgetrenntes Lager, auf dem sich die Hündin völlig ausstrecken und umdrehen kann. Das Lager sollte sich in einer ungestörten Ecke des Hauses befinden. Legen Sie Zeitungen und Handtücher bereit, damit sie ein Nest bauen kann. Platzieren Sie einen Hundekeks oder ihren Futternapf für einige Tage darin.

Wenn sie gewohnt ist, auf einem eigenen Bett zu schlafen, tragen Sie es in den abgetrennten Bereich und ermutigen Sie sie, dort zu schlafen.

Die Geburt

Üblicherweise geht diesem Ereignis eine starke Unruhe des Muttertieres voraus. Während dieser Zeit zerreißt sie Papier und baut ein Nest. Nach etwa acht Stunden werden Bauchkontraktionen sichtbar und sie leckt ihre Vulva. Die Welpen werden in einer Fruchthülle geboren, die vom Muttertier durch Lecken entfernt wird. Sie sind durch die Nabelschnur mit der Plazenta verbunden. Diese kommt zur selben Zeit heraus und wird normalerweise vom Muttertier gefressen, nachdem es die Nabelschnur durchgebissen hat. Lassen Sie dies ruhig zu.

Die neugeborenen Welpen reagieren auf ihr Lecken und Schnuppern mit schrillen Lauten. Sie finden das Gesäuge rasch und beginnen zu saugen. Sollte das Muttertier aus irgendeinem Grund einen der Welpen vernachlässigen, müssen Sie einschreiten (siehe Zeichnung unten).

Legen Sie einige saubere, nicht zu raue Handtücher bereit. Ihre Hände müssen sauber sein. Dann ziehen Sie die Fruchthülle über Mund und Nase des Welpen. Halten Sie ihn mit dem Kopf nach unten, damit Sie Schleim mit den Fingern aus seinem Mäulchen entfernen können. Reiben Sie ihn heftig mit dem Handtuch, bis er atmet und zu schreien beginnt. Wenn das Muttertier die Nabelschnur auch nach 20 Minuten noch nicht durchgekaut hat, sollten Sie sie mit einem Faden abtrennen und die Plazenta entfernen.

Wenn sich Ihre Hündin abmüht und nach einer halben Stunde noch kein Welpe zum Vorschein gekommen ist, rufen Sie den Tierarzt. Geben Sie dem Muttertier nach der Geburt warme Milch mit etwas Glukose. Lassen Sie sie ruhen und die Liebe zu ihren Jungen entwickeln. Es ist besser, wenn nur eine Person während der Geburt anwesend ist, um eventuell zu helfen.

Wenn Ihre Kindern dabei sein möchten, müssen sie vorher wissen, dass sie still sein und die neugeborenen Welpen nicht anfassen sollten.

So greifen Sie richtig in den Geburtsvorgang ein

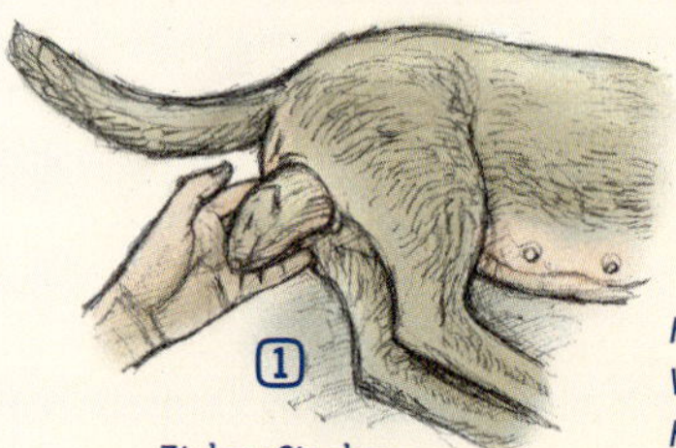

1 *Ziehen Sie das Kleine ganz behutsam heraus.*

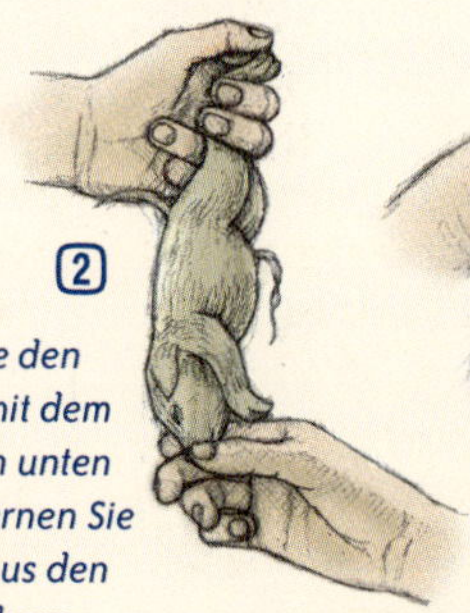

2 *Halten Sie den Welpen mit dem Kopf nach unten und entfernen Sie Schleim aus den Nasenlöchern.*

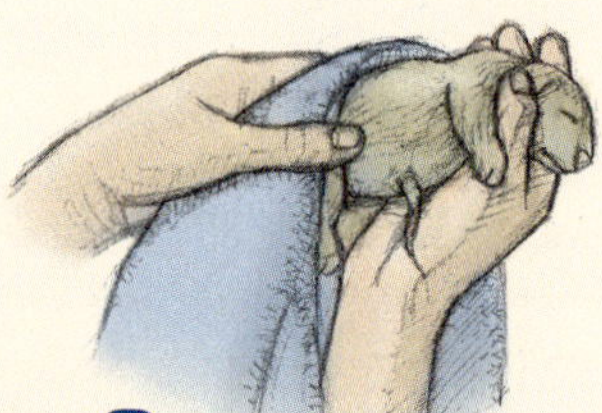

3 *Reiben Sie es kräftig, um die Atmung zu stimulieren.*

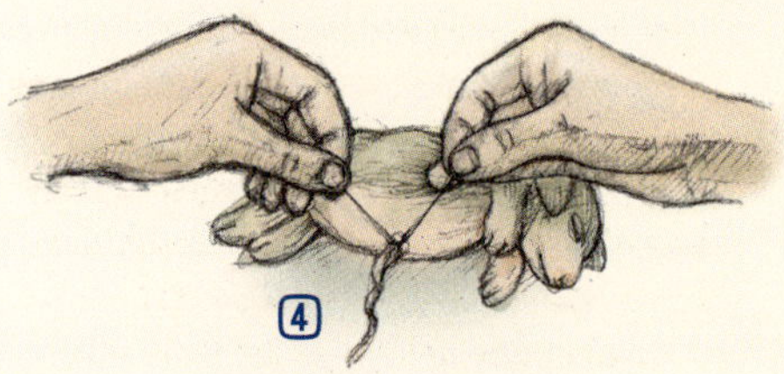

4 *Wenn die Mutter die Nabelschnur nicht durchbeißt, binden Sie sie mit Faden/Schnur ab.*

5 *Legen Sie das Kleine so schnell wie möglich zur Mutter, damit sie es lecken kann.*

Ein großer Wurf benötigt eventuell zusätzliche Fläschchennahrung.

Aufziehen der Welpen

Die ersten beiden Wochen verbringen die Welpen meist mit Schlafen und Saugen. Geben Sie dem Muttertier bis zu viermal täglich zu fressen und stellen Sie immer frisches Wasser bereit. Sorgen Sie dafür, dass es während der Säugezeit ausreichend Kalzium bekommt. Fertigfutter für säugende Hunde enthält alle wichtigen Nährstoffe. Es eignet sich auch für die Welpen, sobald sie feste Nahrung zu sich nehmen können. Wenn Sie das Fressen selbst zubereiten, muss Kalzium als Puder, Flüssigkeit oder Tablette beigemengt werden.

Meist will die Hündin die ersten zwei bis drei Wochen mit ihrem Wurf alleine gelassen werden. Sie kann durchaus aggressiv reagieren in dieser Zeit (S. 91–92). Lassen Sie sie drei- bis viermal täglich hinaus, um Harn und Kot abzusetzen, und säubern Sie währenddessen das Lager zweimal am Tag. Sollte der Wurf sehr zahlreich sein, müssen Sie eventuell mit Welpenmilch im Fläschchen zufüttern.

Mehr als 10 Welpen können zum Problem werden, doch es gibt Muttertiere, die auch so viele Welpen säugen können. Prüfen Sie, ob alle Welpen genügend getrunken haben und einen vollen Bauch haben. Wenn einige von ihnen kümmerlich wirken und ständig schreien, so liegt es wahrscheinlich daran, dass sie nicht genügend Nahrung bekommen. Wenn Sie Zweifel haben, sprechen Sie mit Ihrem Tierarzt.

Wenn Sie zufüttern müssen, tun Sie dies im Wechsel, indem Sie die Hälfte des Wurfs von der Mutter säugen lassen und der anderen Hälfte das Fläschchen mit Welpenmilchpulver geben. In den folgenden zwei bis drei Stunden umgekehrt. Im Alter von 10 bis 14 Tagen beginnen die Welpen, die Augen zu öffnen und erstes Spielverhalten zu zeigen. Wenn sie zwei Wochen alt sind, sollte man mit fester Nahrung beginnen, und zwar viermal pro Tag.

Es gibt Getreidefutter in der Dose sowie geschabtes Fleisch (eingefrorenes Fleisch, das gerieben und dann aufgetaut wurde). Wie zuvor erwähnt, kann man spezielles Welpenfutter fertig kaufen, was im Allgemeinen die bessere Wahl ist.

So halten Sie einen Welpen richtig.

Es ist durchaus normal, dass das Muttertier Futter wiederkäut und ihren Welpen gibt. Lassen Sie es zu.

Welpen sollten alle 14 Tage entwurmt werden, da sie bereits im Mutterleib infiziert werden können. Egal wie gepflegt das Muttertier ist, kann es dennoch Larvenzysten im Gewebe haben. Durch vermehrte Hormonproduktion während der Trächtigkeit werden die Larven stimuliert und wandern über die Plazenta in den Fötus.

Auch das Muttertier sollte alle 14 Tage entwurmt werden, da es sonst durch Lecken ihres Wurfs reinfiziert werden könnte. Das Entwurmungsmittel gibt es in Tablettenform oder Flüssigkeit mit festen Partikeln darin (S. 111–122, Parasiten).

Ab dem Alter von drei Wochen ist es wichtig, dass die Welpen lernen, sich an weitere Menschen zu gewöhnen. Wenn Sie Besuch erhalten, bitten sie ihn, die Hände zu waschen und die Schuhe auszuziehen, bevor er die Welpen anfasst, um eine Übertragung von Viruskrankheiten zu verhindern.

Außerdem sollten die Welpen jetzt Zugang zu einem Bereich außerhalb ihres Lagers haben, wo sie Harn und Kot absetzen können. Sie können diesen Bereich mit Zeitungspapier auslegen oder Sand hineingeben. Wenn das Klima es erlaubt, können sie auch ins Gras gebracht werden.

Welpen sollten erst im Alter von sieben bis acht Wochen an ihren neuen Besitzer übergeben werden. Vorzugsweise bereits mit einer ersten Impfung. Tierärzte geben oftmals Rabatt für Impfung und Untersuchung eines ganzen Wurfs. Es ist immer besser, dies vor dem Verkauf zu tun.

Welpen lernen durch Spiel. Die Mutter diszipliniert sie, wenn es zu rau wird.

Die soziale Entwicklung des Welpen

Neugeborene Welpen können weder sehen noch hören. Ihre Beweglichkeit ist noch eingeschränkt. Doch schon in diesem Alter rangeln sie um einen Platz am Gesäuge der Mutter. Bei einem großen Wurf hat der Schwächere das Nachsehen.

Während der ersten beiden Wochen entwickeln sich seine fünf Sinne rasch. Im Alter von 10 Tagen öffnen sich die Ohrkanäle und mit etwa drei Wochen beginnt ein Welpe zu spielen.

Die ersten Wochen sind eine wichtige Periode für den Kontakt mit Menschen. Im Alter von sechs Wochen machen sie eine Furchtphase durch, also keine gute Zeit, um den Wurf zu verlassen. Eine zweite Furchtphase durchlaufen sie mit vierzehn Wochen. Welpen, die gut sozialisiert wurden, zeigen wahrscheinlich keine große Veränderung im Verhalten, doch manchmal kann der Kontakt mit neuen Menschen in dieser Phase ziemlich dramatisch sein. Geduld und Verständnis von Ihrer Seite sind jetzt sehr wichtig.

Substratpräferenz, das heißt, wo der Welpe mit Vorliebe Harn und Kot absetzt, wird mit etwa acht Wochen erlernt, eine gute Zeit, in ein neues Zuhause gebracht zu werden. Unter natürlichen Umständen würden Welpen etwa sechs Monate lang im Familienverbund leben, oft auch länger. In dieser Zeit findet ein ständiger Wechsel im Dominanzverhalten statt. Welpen lernen im Spiel.

Wenn einer vom anderen zu sehr gebissen wird, jault er und weigert sich, weiterhin mit dem Bösewicht zu spielen. Auf diese Art lernen Welpen, ihren Übermut zu kontrollieren. Auch das Muttertier diszipliniert ihre Welpen, wenn es zu rau zugeht. Sie legt dabei ihr Maul auf das Gesicht des Welpen oder sie schubst ihn auf die Seite und legt eine Pfote auf seinen Nacken oder seine Schulter. Der Mensch kann diesen Vorgang simulieren und beim Training des Welpen nutzen.

Geburt	1–10 Tage	3 Wochen	5 Wochen	6 Wochen	7–8 Wochen	14 Wochen

Blind, taub, eingeschränkte Beweglichkeit.	Augen offen, Ohrkanäle offen, beginnt zu spielen.	Positive Reaktion auf Menschen.	Kontakt mit Menschen darf zunehmen.	Erste Furchtphase. Nicht von Mutter und Wurf entfernen.	Training zu Stubenreinheit kann beginnen. Welpe bereit für neues Heim.	Zweite Furchtphase. Seien Sie geduldig und verständnisvoll.

Die Wahl der Rasse

Hunde wurden über Jahrhunderte hinweg in allen Formen und Größen und für ganz bestimmte Zwecke gezüchtet. Manche als Wach- oder Hütehunde, andere als Jagd- oder Apportierhunde, und wiederum andere einfach als niedliche Begleithunde.

Auch wenn sie viele Eigenschaften wie Bellen, Schlafrhythmus und Kommunikationsweise gemeinsam haben, so sind sie doch von Rasse zu Rasse verschieden. Diese Verhaltensmerkmale dienen als Richtlinien bei der Wahl eines Haustieres, obwohl ihre Beurteilung oft in den einzelnen Ländern unterschiedlich ausfällt. Dies liegt an verschiedenen Genpools und an den verschiedenen Schwerpunkten bei der individuellen Selektion der Zuchttiere.

Hierbei ist es interessant zu beobachten, dass die Signale der Körpersprache (z. B. Unterordnung) umso weniger vorhanden sind, je weiter eine Rasse vom originalen wolfsartigen Körpertyp abweicht.

Wenn Sie nah am Wasser wohnen, wählen Sie eine Rasse, die gerne schwimmt und die Freude der Familie am Wassersport teilt.

Wenn Hund und Halter nicht zusammenpassen

Bei der Wahl der Hunderasse sollte Ihr eigener Lebensstil ausschlaggebend sein. Dabei sollten insbesondere die Reaktion auf Stimuli, Aggressivität und Verspieltheit sowie sein angeborener Raubtierinstinkt eine Rolle spielen.

- Reaktion auf Stimuli – Hoch reaktive Hunde sind sehr revierbewusst und bellen meist häufig. Sie fordern viel Aufmerksamkeit, regelmäßige Bewegung und kontinuierliche Anregung.
- Aggressivität – Aggressive Rassen sind meist ideale Wachhunde, doch aufgrund ihrer Dominanz nicht unbedingt als Familienhunde geeignet, besonders dann nicht, wenn sich ihre Aggression auf Menschen richtet.
- Verspieltheit – Sehr verspielte Rassen sind oft sehr auf ihren Besitzer fixiert, das heißt, man kann sie nicht lange alleine lassen. Dafür sind sie ideal als Familienhunde.
- Raubtierinstinkt – Rassen mit stark ausgeprägtem Raubtierinstinkt jagen gerne. Es ist möglich, dass sie kleine Tiere töten. Manchmal kann sich dieses Verhalten auch auf kleine Kinder richten.

Dennoch ist jeder Hund ein Individuum und hat nicht unbedingt alle für seine Rasse typischen Eigenschaften. Wichtig bei der Wahl ist, dass Ihnen die Eltern gefallen. Besuchen Sie den Wurf mehrfach und beobachten Sie die einzelnen Welpen.

Gute Familienhunde

- Bichon Frisé
- Boxer
- Cavalier King Charles Spaniel
- Dalmatiner
- Golden Retriever
- Labrador Retriever
- Mops
- Pudel
- Rhodesian Ridgeback

Hunde mit niedrigem Energieniveau

- Bichon Frisé
- Cavalier King Charles Spaniel
- Dackel
- Labrador Retriever
- Mops
- Pudel
- Rhodesian Ridgeback
- Westhighland White Terrier

Hunde mit hohem Energieniveau

- Beagle
- Border Collie
- Boxer
- Cocker Spaniel
- Dalmatiner
- Deutscher Schäferhund
- Dobermann
- Jack Russel Terrier
- Labrador Retriever
- Springer Spaniel
- Staffordshire Bullterrier

Wachhunde

- Dalmatiner
- Deutscher Schäferhund
- Dobermann
- Rhodesian Ridgeback
- Rottweiler
- Schnauzer

Hunde mit starkem Raubtierinstinkt sind als Familienhunde nicht gerade geeignet.

Hunde brauchen viel Bewegung und Spaß außerhalb ihres eigenen Reviers.

Australian Cattle Dog

Aktiv, intelligent, sehr lernfähig. Tendenz zum Schnappen. Starker Raubtierinstinkt. Revierbetont. Hat Apportiereigenschaften.

- Ursprungsland: Australien
- Zuchtbeginn: ab 1800
- Lebenserwartung: 12 Jahre
- Gewicht: 16–20 kg
- Widerristhöhe: 43–51 cm
- Erste Verwendung: Hütehund
- Heutige Verwendung: Hüte- und Begleithund

Beagle

Gescheit, aktiv, hohes Aktivitätsniveau, leichter bis starker Raubtierinstinkt, neigt zu Dominanz. Mäßige Trainierbarkeit. Da dieser Hund viel Bewegung braucht und gerne herumschnüffelt und streunt, eignet er sich nicht als Stadthund. Er braucht Gesellschaft und neigt zu Trennungsangst.

- Ursprungsland: Großbritannien
- Zuchtbeginn: ab 1300
- Lebenserwartung: 13 Jahre
- Gewicht: 8–14 kg
- Widerristhöhe: 33–41 cm
- Erste Verwendung: Hasenjagd
- Heutige Verwendung: Begleithund, Jagd- und Apportierhund

Bichon Frisé

Gutmütig, niedriges bis durchschnittliches Aktivitätsniveau, schwache Reaktion auf Stimuli, gut im Umgang mit Kindern und anderen Tieren. Neigt dazu, Aggressionen bei anderen Rassen hervorzurufen. Geringer Raubtierinstinkt. Lebendig und liebevoll. Sehr abhängig. Kann sehr viel bellen.

- Ursprungsland: Mittelmeergegend
- Zuchtbeginn: Mittelalter
- Lebenserwartung: 14 Jahre
- Gewicht: 3–6 kg
- Widerristhöhe: 23–30 cm
- Erste Verwendung: Begleithund
- Heutige Verwendung: Begleithund

Border Collie

Hochintelligent, sehr gut zu trainieren, hohes Aktivitätsniveau, starker Raubtierinstinkt, tötet jedoch nicht. Treibt Viehbestand zusammen, einschließlich Vögel. Neigt dazu, nach Nasen zu schnappen. Nicht besonders gut für Kinder geeignet. Am besten für kleine Landbesitze, Bauernhöfe und sehr aktive Hundehalter. Oft zurückhaltend und ängstlich bei Fremden.

- Ursprungsland: Großbritannien
- Zuchtbeginn: ab 1700
- Lebenserwartung: 12–14 Jahre
- Gewicht: 14–22 kg
- Widerristhöhe: 46–54 cm
- Erste Verwendung: Hirten- und Treibhund
- Heutige Verwendung: Begleithund, Treibhund, Geschicklichkeits- und Gehorsamkeitstests für Hirtenhunde

Boxer

Hohes Aktivitätsniveau, starke Reaktion auf Stimuli, niederes Aggressionspotenzial, leicht zu trainieren, wenn alleine. In der Gruppe ist er leicht ablenkbar und erregbar. Geringer Raubtierinstinkt. Guter Familienhund, wenn die Kinder über 10 Jahre alt sind und die Familie sehr aktiv ist. Guter Wachhund, bellt sofort bei Fremden, beißt aber nicht.

- Ursprungsland: Deutschland
- Zuchtbeginn: ab 1850
- Lebenserwartung: 12 Jahre
- Gewicht: 25–32 kg
- Widerristhöhe: 53–63 cm
- Erste Verwendung: Wachhund, Bullenbeißer
- Heutige Verwendung: Begleithund

Cavalier King Charles Spaniel

Niederes bis mäßiges Aktivitätsniveau, geringe Reaktion auf Stimuli, niederes Aggressionspotenzial. Braucht Gesellschaft. Rasse neigt zu zwanghaften Verhaltensstörungen. Gut mit Kindern, geringer Raubtierinstinkt. Mäßige Trainierbarkeit. Sehr verspielt. Guter Begleiter für ältere Menschen, da er gerne lange neben oder auf den Knien seines Besitzers sitzt.

- Ursprungsland: Großbritannien
- Zuchtbeginn: ab 1925
- Lebenserwartung: 9–14 Jahre
- Gewicht: 5–8 kg
- Widerristhöhe: 31–33 cm
- Erste Verwendung: Begleithund
- Heutige Verwendung: Begleithund

Dackel

Gemäßigtes Aktivitätsniveau und durchschnittliche Reaktion auf Stimuli. Apportiert nicht. Geringe bis mäßige Trainierbarkeit. Durchschnittliches Aggressionspotenzial, kann dominant sein. Nicht immer gut mit Kindern. Neigt zum Bellen und Graben. Der Langhaardackel ist zurückhaltender als Kurz- und Rauhaardackel.

- Ursprungsland: Deutschland
- Zuchtbeginn: ab 1900
- Lebenserwartung: 14–17 Jahre
- Gewicht: (Miniatur) 4–5 kg, (Standard) 7–12 kg
- Widerristhöhe: (Miniatur und Standard) 13–25 cm
- Erste Verwendung: Dachsstöberer
- Heutige Verwendung: Begleithund

Dalmatiner

Sehr aktiv, sehr hohe Reaktion auf Stimuli, mäßiges bis hohes Aggressionspotenzial, geringer Raubtierinstinkt. Benötigt sehr viel Bewegung und muss wirklich rennen. Guter Familien- und Wachhund. Gut abzurichten. Wendig, apportiert gern. Gut mit Pferden und anderen Tieren.

- Ursprungsland: Balkan
- Zuchtbeginn: Mittelalter
- Lebenserwartung: 12–14 Jahre
- Gewicht: 23–25 kg
- Widerristhöhe: 50–61 cm
- Erste Verwendung: Jagd-, Wagenhund
- Heutige Verwendung: Begleithund

Dobermann

Hohes Aktivitätsniveau und hohe Reaktion auf Stimuli, mäßiges bis hohes Aggressionspotenzial. Dominant. Guter Wachhund, loyal gegenüber Besitzer und Familie. Unfreundlich zu Fremden. Sehr gut abzurichten. Nicht gut mit Kleinkindern.

- Ursprungsland: Deutschland
- Zuchtbeginn: ab 1800
- Lebenserwartung: 12 Jahre
- Gewicht: 30–40 kg
- Widerristhöhe: 65–69 cm
- Erste Verwendung: Wachhund
- Heutige Verwendung: Begleit- und Schutzhund

Deutscher Schäferhund

Durchschnittliches Aktivitätsniveau, mäßige Reaktion auf Stimuli. Mittleres bis hohes Aggressionspotenzial. Ausgezeichneter Wachhund. Dominant. Personenfixiert. Kann apportieren. Mäßiger bis starker Raubtierinstinkt. Leicht abzurichten. Ist auf der Hut bei Fremden.

- Ursprungsland: Deutschland
- Zuchtbeginn: ab 1800
- Lebenserwartung: 12–13 Jahre
- Gewicht: 34–43 kg
- Widerristhöhe: 55–66 cm
- Erste Verwendung: Hütehund
- Heutige Verwendung: Begleit-, Schutz-, Polizeihund

English Springer Spaniel

Mäßiges bis hohes Aktivitätsniveau, starke Reaktion auf Stimuli, durchschnittliche Trainierbarkeit und mäßiger Raubtierinstinkt. Wird als Jagdhund gezüchtet. Apportiert gut und liebt Wasser.

- Ursprungsland: Großbritannien
- Zuchtbeginn: ab 1600
- Lebenserwartung: 12–14 Jahre
- Gewicht: 22–24 kg
- Widerristhöhe: 48–51 cm
- Erste Verwendung: Stöber- und Apportierhund
- Heutige Verwendung: Begleit-, Jagdhund

Golden Retriever

Mittleres Aktivitätsniveau. Niedere Reaktion auf Stimuli, sehr sanftmütig. Mäßig bis gut abzurichten. Gute Apportierfähigkeit. Gutmütiger Familienhund. Wenig ausgeprägter Raubtierinstinkt. Geht leicht mit Fremden mit.

- Ursprungsland: Großbritannien
- Zuchtbeginn: ab 1800
- Lebenserwartung: 13–15 Jahre
- Gewicht: 27–36 kg
- Widerristhöhe: 51–61 cm
- Erste Verwendung: Apportieren von Wild
- Heutige Verwendung: Begleit-, Jagd-, Blindenhund

Jack Russel Terrier

Hohes Aktivitätsniveau. Starke Reaktion auf Stimuli. Ausgeprägter Raubtierinstinkt. Mittleres bis hohes Aggressionspotenzial. Mäßig abrichtbar. Kann dominant sein. Als Stadthund nur bei aktivem Halter. Nicht tolerant mit Kindern. Liebt Boote und Wasser.

- Ursprungsland: Großbritannien
- Zuchtbeginn: ab 1800
- Lebenserwartung: 13–14 Jahre
- Gewicht: 5–8 kg
- Widerristhöhe: 28–38 cm
- Erste Verwendung: Rattenjagd
- Heutige Verwendung: Begleithund, Rattenjagdhund

Labrador Retriever

Durchschnittliches Aktivitätsniveau. Mäßige bis hohe Reaktion auf Stimuli. Niederes bis mittleres Aggressionspotenzial. Guter Familienhund. Gut abzurichten. Exzellenter Apportierhund. Mittlerer Raubtierinstinkt. Liebt Wasser. Gut mit Fremden.

- Ursprungsland: Großbritannien
- Zuchtbeginn: ab 1800
- Lebenserwartung: 12–14 Jahre
- Gewicht: 25–34 kg
- Widerristhöhe: 54–57 cm
- Erste Verwendung: Jagdhund
- Heutige Verwendung: Begleit-, Jagd-, Blindenhund

Mops

Durchschnittliche Reaktion auf Stimuli, geringes Aktivitätsniveau aufgrund seiner schlecht entwickelten Atemwege. Gutmütig, geringes Aggressionspotenzial. Guter Familienhund. Mäßige Trainierbarkeit. Verspielt.

- Ursprungsland: China
- Zuchtbeginn: Antike
- Lebenserwartung: 13–15 Jahre
- Gewicht: 6–8 kg
- Widerristhöhe: 25–28 cm
- Erste Verwendung: Begleithund
- Heutige Verwendung: Begleithund

Pudel

Hohes Aktivitätsniveau. Starke Reaktion auf Stimuli. Leicht abzurichten, hochintelligent. Kann apportieren. Geringes Aggressionspotenzial. Gut mit Kindern. Sehr abhängig, neigt zu Trennungsangst. Mäßiger Raubtierinstinkt. Bellt viel.

- Ursprungsland: Frankreich
- Zuchtbeginn: ab 1500
- Lebenserwartung: 14–17 Jahre
- Gewicht: Zwergpudel (7–8 kg), Miniatur (12–14 kg), mittelgroß (15–19 kg)
- Widerristhöhe: Zwergpudel (25–28 cm), Miniatur (28–34 cm), mittelgroß (34–38 cm)
- Erste Verwendung: Begleithund
- Heutige Verwendung: Begleithund

Rhodesian Ridgeback

Niederes bis mäßiges Aktivitätsniveau. Durchschnittliche Reaktion auf Stimuli. Mittleres bis hohes Aggressionspotenzial. Guter Wachhund. Mäßige Trainierbarkeit. Apportiert nicht gern. Gut mit Kindern. Aggressiv zu anderen Hunden. Starker Raubtierinstinkt.

- Ursprungsland: Südafrika
- Zuchtbeginn: ab 1800
- Lebenserwartung: 12 Jahre
- Gewicht: 30–39 kg
- Widerristhöhe: 61–69 cm
- Erste Verwendung: Jagdhund
- Heutige Verwendung: Begleit-, Schutzhund

Rottweiler

Durchschnittliches Aktivitätsniveau. Mäßige Reaktion auf Stimuli. Mäßiges bis hohes Aggressionspotenzial. Kein Apportierinteresse. Mäßige bis gute Trainierbarkeit. Dominant. Guter Wachhund. Kein Familienhund, besser ein Halter bzw. Paar. Mäßiger Raubtierinstinkt. Kann anderen Hunden gegenüber aggressiv werden.

- Ursprungsland: Deutschland
- Zuchtbeginn: ab 1820
- Lebenserwartung: 11–12 Jahre
- Gewicht: 41–50 kg
- Widerristhöhe: 58–69 cm
- Erste Verwendung: Hirten-, Wachhund
- Heutige Verwendung: Begleit-, Polizei-, Wachhund

Schnauzer

Mäßiges bis hohes Aktivitätsniveau. Mäßige bis starke Reaktion auf Stimuli. Durchschnittlich trainierbar. Guter Wachhund. Dominant. Bellt. Guter Gefährte, aber nicht für Kleinkinder.

- Ursprungsland: Deutschland
- Zuchtbeginn: Mittelalter
- Lebenserwartung: 12–14 Jahre
- Gewicht: 15–16 kg
- Widerristhöhe: 45–50 cm
- Erste Verwendung: Rattenjagd, Wachhund
- Heutige Verwendung: Begleithund

Scottish Terrier

Geringes bis mäßiges Aktivitätsniveau. Durchschnittliche Reaktion auf Stimuli. Nicht gut mit Kindern. Geringer bis mäßiger Raubtierinstinkt.

- Ursprungsland: Großbritannien
- Zuchtbeginn: ab 1800
- Lebenserwartung: 13–14 Jahre
- Gewicht: 9–11 kg
- Widerristhöhe: 25–28 cm
- Erste Verwendung: Jagd auf kleine Säugetiere
- Heutige Verwendung: Begleithund

Staffordshire Bullterrier

Hohes Aktivitätsniveau und starke Reaktion auf Stimuli. Extrem aggressiv gegenüber anderen Hunden, jedoch meist freundlich und verlässlich bei Menschen. Mäßige Trainierbarkeit. Gut mit Kindern. Mäßiger Raubtierinstinkt.

- Ursprungsland: Großbritannien
- Zuchtbeginn: ab 1800
- Lebenserwartung: 11–12 Jahre
- Gewicht: 11–17 kg
- Widerristhöhe: 36–41 cm
- Erste Verwendung: Hundekämpfe, Rattenjagd
- Heutige Verwendung: Begleithund

Shetland Sheepdog

Mäßiges bis hohes Aktivitätsniveau. Starke Reaktion auf Stimuli. Leicht abrichtbar. Guter Wachhund. Gut mit Kindern. Gutmütig, sensibel. Geringer Raubtierinstinkt. Sehr verspielt.

- Ursprungsland: Großbritannien
- Zuchtbeginn: ab 1700
- Lebenserwartung: 12–14 Jahre
- Gewicht: 6–7 kg
- Widerristhöhe: 35–37 cm
- Erste Verwendung: Schafe hüten
- Heutige Verwendung: Begleit-, Hirtenhund

Husky

Hohes Aktivitätsniveau. Starke Reaktion auf Stimuli. Kein guter Wachhund. Dominant. Heult. Ausgeprägter Raubtierinstinkt.

- Ursprungsland: Sibirien
- Zuchtbeginn: Antike
- Lebenserwartung: 11–13 Jahre
- Gewicht: 16–27 kg
- Widerristhöhe: 51–60 cm
- Erste Verwendung: Schlittenhund
- Heutige Verwendung: Begleithund, Schlittenhunderennen

Westhighland White Terrier

Mäßiges Aktivitätsniveau. Mäßige Reaktion auf Stimuli. Geringes bis mäßiges Aggressionspotenzial. Wachhund. Mäßige Trainierbarkeit. Kann starken Willen haben. Mäßiger Raubtierinstinkt. Eignet sich für Geschicklichkeitstraining. Guter Familienhund.

- Ursprungsland: Großbritannien
- Zuchtbeginn: ab 1800
- Lebenserwartung: 14 Jahre
- Gewicht: 7–10 kg
- Widerristhöhe: 25–28 cm
- Erste Verwendung: Rattenjagd
- Heutige Verwendung: Begleithund

Glossar

Alpha-Tier
Dominantes männliches oder weibliches Tier im Rudel. Durch Dominanzverhalten sichert es sich seine Position.

Arthritis
Entzündliche Gelenkerkrankung

Arthrose
Chronische, schmerzhafte, zunehmend funktionsbehindernde Gelenksveränderung bei Säugetieren und Menschen.

Binokuläres Sehen
Die Fähigkeit, mit beiden Augen zu sehen. Bei Hunden ist vor allem der periphere Sehwinkel um 70 Grad größer, wodurch sie Bewegung besser wahrnehmen können.

Euthanasie
Die durch Todesspritze herbeigeführte humane Beendigung des Lebens eines unheilbar kranken Tieres.

GABA
Gamma-Aminobuttersäure, biologisch aktive Substanz im Gehirn

Gebaren
Beschreibung von Kopf-, Ohr-, Schwanzhaltung und Haarmuster, womit der Hund seine jeweilige Stimmung ausdrückt.

Giardia intestinalis
Eine durch den einzelligen Parasiten Giardia lamblia hervorgerufene Infektion, die Menschen und Haustiere (einschl. Vögel) befallen kann. Symptom: anhaltender Durchfall.

Hundepension
Ein Zuhause auf Zeit für Hunde, deren Halter sich vorübergehend nicht um sie kümmern können.

Hundesitter
Berufsbezeichnung für Leute, die sich täglich im Haus des Halters um dessen Hund kümmern, während dieser bei der Arbeit ist.

Idiopathische Aggression
Aggression ohne ersichtlichen Grund

Impfungen
Hunde müssen zur Vermeidung bestimmter Krankheiten geimpft werden.

Kokzidiose
Krankheit, die von vier verschiedenen einzelligen Parasiten (Kokzidien) hervorgerufen werden kann.

Medialer Canthus
Anatomischer Ausdruck für den inneren Augenwinkel des Hundes. Dahinter liegt der Tränenkanal.

Mischling
Hundeart, die durch den Deckakt von zwei verschiedenen Hunderassen entsteht.

Neotenie
Wissenschaftliche Bezeichnung von kindlichen Verhaltensmerkmalen bei erwachsenen Hunden.

Neuron
Eine auf Erregungsleitung spezialisierte Nervenzelle

Neurotransmitter
Chemische Botenstoffe im Gehirn

Nickhaut
„Drittes Augenlid“. Legt sich im Schlaf über das Auge des Hundes, um es feucht zu halten.

Raubtieraggression
Verhalten, das im Hund beim Anblick von Beutetieren oder dem unkoordinierten Verhalten von Kleinkindern ausgelöst wird.

Revierbewusstsein
Angeborener Instinkt des Hundes, um sein Revier und das seines Herrn zu beschützen.

Riechzellen
Der Hund verfügt über Millionen von Riechzellen, womit er insbesondere Duftstoffe aus den Nackendrüsen und dem Perineum seiner Artgenossen aufnehmen kann.

Schatten jagen
Zwanghafte Verhaltensstörung. Der Hund jagt ständig einem Schatten hinterher.

Schilddrüse
Drüse in Säugetieren und Menschen. In ihr wird Thyroxin gebildet, das für sämtliche Stoffwechselprozesse im Körper verantwortlich ist.

Schoßhunde
Sehr kleine Hunderassen oder sehr kleine Versionen spezieller Rassen wie z. B. der Zwergpudel.

Schwanz beißen
Zwanghafte Verhaltensstörung. Der Hund rennt lange im Kreis und beißt sich dabei ständig in den eigenen Schwanz.

Serotonin
Neurotransmitter des Zentralnervensystems, verantwortlich für Zufriedenheit und Ruhe. Eine organische Komponente, $C_{10}H_{12}N_{20}$, die sich aus der essenziellen Aminosäure Thryptophan bildet.

Signalisieren
Art der Kommunikation von sozialer Hierarchie unter Hunden. Ein rangniederer Hund senkt den Kopf, vermeidet Augenkontakt mit dem dominanten Hund, wedelt mit nieder gehaltenem Schwanz, Ohren angelegt. Er rollt sich oftmals zur Seite und zeigt seine ungeschützte Bauchseite als Zeichen völliger Unterwerfung. Der ranghöhere Hund bleibt aufrecht stehen mit erhobener Rute und direktem Blick.

Sterilisation
Akt des Geschlechtslosmachens

Substratpräferenz
Der Hund wählt einen bestimmten Untergrund und Bereich, wo er Harn und Kot absetzt.

Tierklinik
Klinik, in der Tierärzte kranke und verletzte Tiere behandeln bzw. Routineoperationen durchführen.

Verhaltensregulierende Medikamente
Medikamente zur Regulierung von Verhaltensabnormitäten

Welpenschule
Erlernen von Grundregeln und Sozialisation für Welpen

Werfen
Ausdruck für den Geburtsvorgang

Zuchtstandard
Optisches Merkmal einer Hunderasse, das schriftlich festgehalten wurde.

Zwingerhusten
Kann durch eine Reihe ansteckender Krankheitserreger, einschließlich dem Bakterium Bordetella Bronchiseptica und dem Parainfluenze-Virus, hervorgerufen werden. Er wird durch Feuchtigkeitströpfchen, die von infizierten Tieren in die Luft gehustet werden, übertragen. Besonders ansteckend bei Hunden, die auf engem Raum leben, wie z. B. Zwinger.

Register

Seitenzahlen in Kursivschrift beziehen sich auf Abbildungen.

K

L

M

N

O

P

R

Danksagung
Die enorme Informationsfülle des Internets spielte bei der Erstellung dieses Buches eine sehr große Rolle. Doch trotz hochmoderner Kommunikationmittel wäre es ohne das reichhaltige Wissen, die langjährige Erfahrung und unermüdliche Recherche unseres Teams nicht zustande gekommen. Daher gilt all den Personen, die zur Herausgabe dieses Buches beigetragen haben, unser außerordentlicher Dank.

Erstveröffentlichung 2004 unter dem Titel
„The complete guide to caring for your dog“
New Holland Publishers Ltd

Genehmigte Lizenzausgabe
EDITION XXL GmbH
Fränkisch-Crumbach 2007
www.edition-xxl.de

Layout, Satz und Umschlaggestaltung:
SAMMÜLLER KREATIV GmbH

ISBN (13) 978-3-89736-297-0
ISBN (10) 3-89736-297-X

Bildnachweis
Animal Photography / Sally Anne Thompson: 26, 42 (ur), 46, 76, 98, 105, 126, 141, 152
Animal Photography / RT Willbie: 28
Ardea: 175 (ur), 183 (ur)
Bridgeman Art Library: 11
Bruce Coleman Collection / Adriano Bacchella: 14–15
Bruce Coleman Collection / Jane Burton: 2
Cogis / Francais: 18, 20
Cogis / Hermeline: 8, 36 (ul), 51, 73, 84 (ol)
Cogis / Lanceau: 16
Cogis / Vedie: 21, 33
D. v. d. Osten: 10, 41, 124
Gallo Images / Ben Osborne: 17 (u)
Gallo Images / Tony Stone-David Tipling: 13, 48, 72
Gallo Images: 48, 72
Graham Meadows: 7, 12, 31, 94, 158, 172, 174 (ul), 176, 177 (ur), 178 (ol), 178 (ur), 179 (or), 180, 181 (ul), 182, 184 (ul), 185
Isabelle Francais: 9, 32 (u), 65, 90, 91, 177 (ol), 181 (ol)
John Daniels: 67 (o), 84 (or)
J. Theron: 175 (ol), 184 (ol)
K. Kik: 77
Kelly Walsh: 52, 53, 54, 55 (u), 56–57, 74, 77 (ol), 79, 80–81, 82, 109, 123
Simon Lewis: 173
Shoot Photography: 6, 22, 29, 34, 60, 62, 70, 83, 86, 159, 162, 174 (ol), 183 (ol)
Warren Photography: 1, 4–5, 17 (o), 25, 32 (o), 36 (o), 38, 39, 40, 42 (ol, or, M), 43, 45, 58, 59, 64, 66, 85, 93, 94, 95, 96, 97, 100, 101, 106, 107, 110, 118, 127, 154, 155, 157, 161, 164, 165, 167, 168, 170, 179 (ur)